高压电缆
载流量提升技术及应用

主　编　曹俊平　高智益
副主编　王少华　张　永　任广振
　　　　周啸宇　姜云土　黄　勃

中国电力出版社
CHINA ELECTRIC POWER PRESS

内容提要

为总结高压电缆载流量计算方法，研究载流量提升技术路径，全面提升高压电缆载流量提升工作水平，国网浙江省电力有限公司电力科学研究院全面总结近几年国内外高压电缆载流量提升技术研究成果，形成《高压电缆载流量提升技术及应用》。

本书共七章，包括高压电缆基础知识、高压电缆多物理场模型机理、高压电缆多物理场分析、多状态下的高压电缆载流能力分析、高压电缆载流量提升技术原理、高压电缆载流量提升技术应用、高压电缆载流能力核算和智能管控平台。

通过技术原理阐述及应用案例介绍，为从事高压电缆研发人员、载流量提升技术开发人员、输变电运维检修人员、电缆状态检测管理人员、高等院校电缆专业人员等提供指导。

图书在版编目（CIP）数据

高压电缆载流量提升技术及应用 / 曹俊平，高智益主编 . -- 北京：中国电力出版社，2024.8 -- ISBN 978-7-5198-9237-1

Ⅰ . TM247

中国国家版本馆 CIP 数据核字第 2024WQ0365 号

出版发行：中国电力出版社
地　　址：北京市东城区北京站西街 19 号（邮政编码 100005）
网　　址：http：//www.cepp.sgcc.com.cn
责任编辑：畅　舒
责任校对：黄　蓓　马　宁
装帧设计：宝蕾元
责任印制：吴　迪

印　　刷：三河市万龙印装有限公司
版　　次：2024 年 8 月第一版
印　　次：2024 年 8 月北京第一次印刷
开　　本：710 毫米 ×1000 毫米　16 开本
印　　张：10
字　　数：132 千字
印　　数：0001—1000 册
定　　价：50.00 元

版权专有侵权必究

本书如有印装质量问题，我社营销中心负责退换

编委会

主　　任　窦晓军
副 主 任　彭　江　张　弛　崔建业
主　　编　曹俊平　高智益
副 主 编　王少华　张　永　任广振　周啸宇　姜云土　黄　勃
编写人员　李　特　杨　勇　马　钰　李　晨　郑一鸣　咸宣威
　　　　　毛航银　李乃一　王振国　姜凯华　叶昊亮　蒋　鹏
　　　　　李梦源　王大为　刘　青　赵　洋　朱春涛　王　凯
　　　　　李　鹏　陈　江　许　衡　饶代阳　周立玮　姚　磊
　　　　　陈辉荣　耿军伟　乔宏宇　张彦辉　王昱力　夏　荣
　　　　　刘宗喜　李文杰　袁建军　余　晶　闫佳慧　周　翀
　　　　　贾晓刚　岳振国　周铭权　汪嘉琦　张玉成　王星洁
　　　　　夏传帮　赵　明　黄肖为　程国开　陈　俊　夏　雯
　　　　　姜艺楠　蔡文博　苏　宇　顾　浩　徐海宁　段肖力
　　　　　刘世涛　郭　卫　黄振宁　吴旭翔　邱漫诗　龚一平
　　　　　姜　涛　段玉兵　林一轩　冀　勇　吴成才　王雪婷
　　　　　臧　磊　孟庆铭　钱朝辉　周苗苗

主 编 单 位	国家电网有限公司
副主编单位	国网浙江省电力有限公司
参 编 单 位	中国电力科学研究院
	国网北京市电力公司
	国网江苏省电力有限公司
	国网山东省电力有限公司
	国网上海市电力公司
	国网湖南省电力有限公司电力科学研究院
	国网宁夏电力有限公司
	南瑞集团有限公司
	海南大学
	杭州巨骐信息科技股份有限公司
	浙江新图维电子科技有限公司
	浙江晨光电缆股份有限公司
	浙江亘古电缆股份有限公司

前言

当前电网系统区域性、时段性的电力供应受限问题日益凸显,迎峰度夏等高温大负荷期间,网架薄弱区域限电、缺电风险逐步暴露。高压电缆作为电力系统中电能输送的关键核心设备,其载流能力与健康状态将直接影响到电能的安全稳定输送。但受限于传统载流量计算模型不精确、电缆导体温度难以测量、电缆线路动态增容技术不成熟等众多因素,当前110kV及以上电压等级高压电缆线路的输送能力还未得到有效挖掘,运行中的电缆线路仍有相当大的潜在输电容量可利用。如何精准评估高压电缆载流能力,安全、高效、合理地提升高压电缆载流能力动态调控水平,助力解决电网区域性、时段性供电受限是当前亟须解决的重大技术难题。为总结高压电缆载流量计算方法,研究载流量提升技术路径,全面提升高压电缆载流量提升工作水平,特编制本书。

本书在现有项目与研究成果基础上,结合当前新型电力系统建设现状与发展需求,从高压电缆多物理场模型机理、高压电缆多物理场分析、多状态下的高压电缆载流能力分析、高压电缆载流量提升技术原理、高压电缆载流量提升技术应用、高压电缆载流能力核算和智能管控平台等详细阐述相关技术方法及应用示例。希望通过本书,让读者了解当前高压电缆载流量提升的方法与技术,为从事高压电缆研发、生产、运维的技术人员提供指导,启发研究高压电缆载流量提升的科研人员。该书的出版能够促进相关从业者对高压电缆载流量提升技术开展研究与探讨,不断提高我国在该方向的研究和工程应用水平。

高压电缆载流量提升工作任重而道远，各类新技术也在不断更新。本书虽经认真编写、校订和审核，仍难免存在疏漏和不足之处，恳请广大读者批评指正！

编者

2024年4月

目录

前言

第一章 高压电缆基础知识　　01

第一节　高压电缆结构　　01
第二节　高压电缆载流量　　02

第二章 高压电缆多物理场模型机理　　05

第一节　电磁场数学模型　　05
第二节　温度场数学模型　　08
第三节　电磁－热多物理场耦合形式　　09
第四节　耦合场求解计算与实现　　11

第三章 高压电缆多物理场分析　　14

第一节　高压电缆本体多物理场分析　　14
第二节　高压电缆接头多物理场分析　　22
第三节　典型缺陷下的高压电缆多物理场分析　　30

第四章 多状态下的高压电缆载流能力分析　　64

第一节　高压电缆状态评估方法　　64
第二节　紧急状态下的载流能力　　71
第三节　周期性负荷条件下的载流能力　　85

第五章 高压电缆载流量提升技术原理 …… 95

第一节 平滑铝护套电力电缆技术研究 …… 95

第二节 高压电缆动态增容研究 …… 105

第六章 高压电缆载流量提升技术应用 …… 113

第一节 平滑铝护套电力电缆工艺及应用 …… 113

第二节 高压电缆动态增容装置 …… 128

第七章 高压电缆载流能力核算和智能管控平台 …… 145

第一章 高压电缆基础知识

高压电缆是电力系统中传输电能的重要组成部分，主要用于城区、电站等必须采用地下输电的部位。我国高压及超高压电缆涵盖66、110、220、330、500、±200、±320kV等电压等级。

电缆线路包括电缆本体、附件、附属设备、附属设施及电缆通道。

第一节 高压电缆结构

高压电缆均多为单芯结构。交联聚乙烯绝缘电缆以其合理的工艺和结构、优良的电气性能和安全可靠的运行特点获得了迅猛的发展，目前高压电缆已基本采用交联聚乙烯绝缘电缆工艺。高压交联聚乙烯绝缘电缆导体一般为铝或铜单线规则绞合紧压结构，标称截面为800mm^{2}及以上时为分割导体结构。导体、绝缘屏蔽为挤包的半导电层，标称截面在500mm^{2}及以上的电缆导体屏蔽应由半导电包带和挤包半导电层组成。金属屏蔽采用铜丝屏蔽或金属套屏蔽结构。外护层采用聚氯乙烯或聚乙烯护套料，为了方便外护层绝缘电阻的测试，外护层表面应有导电涂层。

110kV及以上高压电缆采用单芯电缆，其典型构造如图1-1所示。

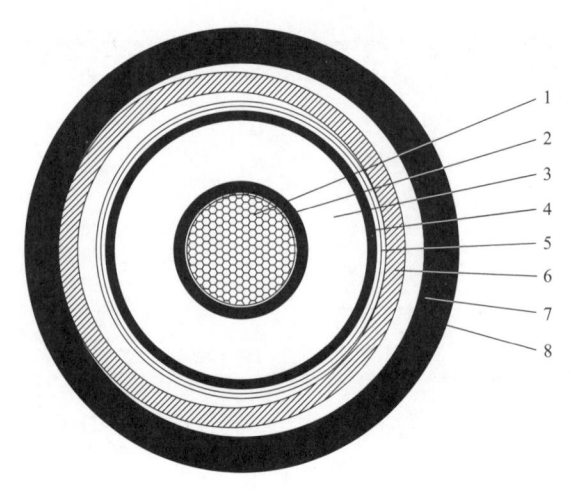

图 1-1　110kV 及以上高压电缆剖面图

1—导体（线芯）；2—内半导电屏蔽层；3—绝缘层；4—外半导电屏蔽层；
5—缓冲层；6—皱纹铝护套；7—外护套；8—挤出半导电层（或石墨层）

第二节　高压电缆载流量

1. 电缆线路载流量的概念

在一个确定的适用条件下，当电缆导体流过的电流在电缆各部分所产生的热量能够及时向周围媒质散发，使绝缘层温度不超过长期最高允许工作温度，这时电缆导体上所流过的电流值称为电缆载流量。电缆载流量是电缆在最高允许工作温度下，电缆导体允许通过的最大电流。

在电缆工作时，电缆各部分损耗所产生的热量以及外界因素的影响使电缆工作温度发生变化，电缆工作温度过高，将加速绝缘老化，缩短电缆使用寿命。因此必须规定电缆最高允许工作温度。电缆的最高允许工作温度，主要取决于所用材料热老化性能。各种型式电缆的长期和短时最高允许工作温度见表 1-1。一般不超过表 1-1 中的规定值，电缆可在设计寿命年限内安全运行。反之，工作温度过高，绝缘老化加速，电缆寿命会缩短。

表1-1　各种型式电缆的长期和短时最高允许工作温度

电缆型式		最高允许工作温度（℃）	
		持续工作	短路暂态（最长持续5s）
充油电缆	普通牛皮纸	80	160
	半合成纸	85	160
聚乙烯绝缘电缆		70	140
交联聚乙烯绝缘电缆		90	250
聚氯乙烯绝缘电缆		70	160
橡皮绝缘电缆		65	150

2. 影响电缆载流量的主要因素

（1）导体材料的影响。导体材料的电阻率越大，电缆的载流量越小。因此，选用高电导率的材料有利于提高电缆的传输容量。导体截面越大，载流量越大。

导体结构的影响，同样截面的导体，采用分割导体的载流量大。尤其对于大截面的导体（800mm^2以上）而言，更是如此。

（2）绝缘材料对载流量的影响。绝缘材料的耐热性能越好，即电缆允许最高工作温度越高，载流量越大。交联聚乙烯绝缘电缆比油纸绝缘允许最高工作温度高。所以同一电压等级、相同截面的电缆，交联聚乙烯绝缘电缆比油纸绝缘传输容量大。

绝缘材料热阻也是影响载流量的重要因素。选用热阻系数低、击穿强度高的绝缘材料，能降低绝缘层热阻，提高电缆载流量。

介质损耗越大，电力电缆载流量越小。绝缘材料的介质损耗与电压的平方成正比。因此，对于高压和超高压电缆，必须严格控制绝缘材料的介质损耗正切值。

（3）周围媒质温度越高，电力电缆载流量越小。电缆线路附近有热源，如与热力管道平行、交叉或周围敷设有电缆等使周围媒质温度变化，会对电缆载流量造成影响。电缆线路与热力管道交叉或平行时，周围土壤温度会受到热力管道散热的影响，只有任何时间该地段土壤与其他地方同样深度土壤的温升不超过10℃，电缆载流量才可以认为不受影响，否则必须降低电缆负荷，对于同沟敷设的电缆，由于多条电缆相互影响，电缆负荷应降低，否则对电缆寿命有影响。

（4）周围媒质热阻越大，电力电缆载流量越小。电缆直接埋设于地下，当埋设深度确定后，土壤热阻取决于土壤热阻系数。土壤热阻系数与土壤的组成、物理状态和含水量有关。比较潮湿紧密的土壤热阻系数约为0.8m·K/W，一般土壤热阻系数约为1.0m·K/W，比较干燥的土壤热阻系数约为1.2m·K/W。降低土壤热阻系数，能够有效地提高电缆载流量。

电缆敷设在管道中，其载流量比直接埋设在地下要小。管道敷设的周围媒质热阻，实际上是三部分热阻之和，即电缆表面到管道内壁的热阻、管道热阻和管道的外部热阻，因此热阻较大，载流量较低。

第二章　高压电缆多物理场模型机理

高压电缆的运行过程是一个包含电磁场、温度场等复合场的复杂过程，且这几个物理场之间相互影响、相互制约，是一个名副其实的多物理耦合场问题。下面对高压电缆的电磁场、温度场数学模型进行描述，并给出这两个场之间的耦合作用形式。

第一节　电磁场数学模型

为了简化高压电缆的电磁场计算，引入以下基本假设：

（1）高压电缆运行在工频（50Hz）下，其导体中涡流场为似稳场，即在位移电流密度与传导电流密度相比约为 10^{-7} 数量级情况下，可将位移电流忽略不计。

（2）除铜导体材料的电导率外，高压电缆其他各组成材料均为各向同性均匀介质，且各部分物性参数均为常数。

（3）场域中无自由电荷。

根据以上假设条件，引入电缆麦克斯韦方程组如下

$$\begin{cases} \nabla \times H = J_e + J_s \\ \nabla \times E = -\dfrac{\partial B}{\partial t} \\ \nabla \cdot B = 0 \\ \nabla \cdot D = 0 \end{cases} \quad (2-1)$$

式中：J_e 为涡流密度，A/m^2；J_s 为源电流密度，A/m^2。

同时引入各向同性均匀电介质、磁介质和导体的三个本构关系

$$\begin{cases} D = \varepsilon E \\ B = \mu H \\ J = \sigma E \end{cases} \quad (2-2)$$

式中：ε 为介电常数，F/m；μ 为磁导率，H/m；σ 为电导率，S/m。

在不同介质的交界面上，电特性连续的方程为

$$B_1 \cdot n = B_2 \cdot n \quad (2-3)$$

式中：n 为法线方向上的分量。

随后根据麦克斯韦方程组和三个基础本构关系，引入矢量磁位 A，得到电力电缆涡流场问题控制方程的向量形式为

$$\left(\nabla \frac{1}{\mu} \nabla \right) A = -J_s \cdot j\omega A \quad (2-4)$$

式中：μ 为材料磁导率，H/m；A 为矢量磁位；σ 为材料电导率，S/m；J_s 为外加电流密度，A/m^2；ω 为角频率，rad/s。

求解电缆电磁场问题，实质上归结为对方程式（2-4）的求解，而该方程要有定解，必须给出一定的边界条件。求解方程式（2-4）常见的边界条件可分为以下四种情况：

（1）第一类边界条件为磁力线垂直于边界面，也即 $H_t=0$，此种情况大多为铁磁边界，用矢量磁位 A 来描述，表达式如下

$$\begin{cases} n \times \left(\frac{1}{\mu} \nabla \times A \right) \big|_{\Gamma_1} = 0 \\ n \cdot A \big|_{\Gamma_1} = 0 \end{cases} \quad (2-5)$$

式中：n 为边界上的单位法向矢量。

（2）第二类边界条件为磁力线平行于边界面，也即 $B_n=0$，此种情况多数为对称边界，用矢量磁位 A 来描述，表达式如下

$$\begin{cases} n \cdot (\nabla \times A)|_{\Gamma_2} = 0 \\ n \times A|_{\Gamma_2} = 0 \end{cases} \qquad (2-6)$$

（3）第三类边界条件为边界面具有面电流密度δ，也即$n \times H = -\delta s$，用矢量磁位A来描述，表达式如下

$$A|_{\Gamma_4} = A_0 \qquad (2-7)$$

（4）第四类边界条件为给定了矢量磁位A在边界上的具体数值，也被称为强制边界条件，表达式如下

$$A|_{\Gamma_4} = A_0 \qquad (2-8)$$

若该边界距离电流源区较远，上述边界条件可近似化为$A|_{\Gamma_4}=0$。

对电缆各层结构的磁矢量进行分析，可得到矢量磁位方程如下：

电缆导体区域的磁矢位方程

$$\nabla^2 A_1 = -\mu J_s \qquad (2-9)$$

式中：J_s为导体区域的电流密度；A_1为导体区域的磁矢位。

XLPE绝缘层区域的磁矢位方程

$$\nabla^2 A_2 = 0 \qquad (2-10)$$

式中：A_2为XLPE绝缘层的磁矢位。

电缆金属套区域的磁矢位方程

$$\nabla^2 A_3 = -\mu J_e \qquad (2-11)$$

式中：J_e为金属套区域的涡流密度；A_3为金属铝护套的磁矢位。

电缆外护套区域的磁矢位方程

$$\nabla^2 A_4 = 0 \qquad (2-12)$$

式中：A_4为外护套区域的磁矢位。

空气区域的磁矢位方程

$$\nabla^2 A_5 = 0 \qquad (2\text{-}13)$$

式中：A_5 为空气区域的磁矢位。

第二节 温度场数学模型

根据传热学原理，当传热介质两侧的温度不同时，热量将会从高温侧通过传热介质向低温侧流动。热量传递有三种基本方式：热传导、热对流和热辐射。电缆缆芯作为主要热源，通过热传导的方式对外传热。当热量到达电缆外表皮，通过热传导和热对流的方式与外部进行热量交换。

根据能量守恒定律以及傅里叶定律，可以得到直角坐标系内的导热微分方程

$$\rho c \frac{\partial T}{\partial t} = \frac{\partial}{\partial x}\left(\lambda_x \frac{\partial T}{\partial x}\right) + \frac{\partial}{\partial y}\left(\lambda_y \frac{\partial T}{\partial y}\right) + \frac{\partial}{\partial z}\left(\lambda_z \frac{\partial T}{\partial z}\right) + Q_v \qquad (2\text{-}14)$$

式中：ρ 为材料的密度，kg/m^3；c 为材料的比热容，$J/(kg \cdot K)$；T 为温度，℃；t 为时间，s；λ_x、λ_y 和 λ_z 为材料在 x 轴、y 轴和 z 轴方向上的热导率，W/K；Q_v 为材料的产热率，W/m^3。

为简化电缆温度场的求解，可对方程式（2-14）进一步细化。由于电缆以及周围空气域均为线性同性材料，因此求解域内的热导率 λ 可统一值。电缆内部导体，绝缘层以及金属护套作为主要产热区域，导热微分方程为

$$\rho c \frac{\partial T}{\partial t} = \lambda \left(\frac{\partial^2 T}{\partial x^2} + \frac{\partial^2 T}{\partial y^2} + \frac{\partial^2 T}{\partial z^2}\right) + Q_v \qquad (2\text{-}15)$$

电缆硅橡胶绝缘、外护套和应力锥产生的损耗可忽略不计，电缆外部空气无热源分布，导热微分方程为

$$\rho c \frac{\partial T}{\partial t} = \lambda \left(\frac{\partial^2 T}{\partial x^2} + \frac{\partial^2 T}{\partial y^2} + \frac{\partial^2 T}{\partial z^2}\right) \qquad (2\text{-}16)$$

确定电缆不同区域的导热微分方程后，还需要对边界条件进行设置。由传热学相关定律可知，针对温度场的求解，有以下三个边界条件：

（1）第一类边界条件：边界上的温度值已知

$$T|_{\Gamma_1} = T_0 \tag{2-17}$$

（2）第二类边界条件：边界上的法向热流密度已知

$$-\lambda \frac{\partial T}{\partial n}|_{\Gamma_2} = q_2 \tag{2-18}$$

（3）第三类边界条件：边界的环境温度已知；物体表面和周围环境之间的对流换热系数已知

$$-\lambda \frac{\partial T}{\partial n}|_{\Gamma_3} = h(T_f - T_{amb}) \tag{2-19}$$

式中：h 为物体表面的对流换热系数；T_f 为发热体的表面温度，℃；T_{amb} 为环境的温度，℃。

除了对流换热以外，电缆还通过辐射换热的方式同周围的空气进行热量交换，根据史蒂芬-玻尔兹曼定律，与空气进行辐射换热的边界条件为

$$-\lambda \frac{\partial T}{\partial n} = \sigma_0 \varepsilon (T_f^4 - T_{amb}^4) \tag{2-20}$$

式中：σ_0 为史蒂芬-玻尔兹曼常数，取值为 $5.67 \times 10^{-8} \text{W}/(\text{m}^2 \cdot \text{K}^4)$；$\varepsilon$ 为表面的发射率。

第三节　电磁-热多物理场耦合形式

电力电缆运行过程中，电磁场、温度场相互作用、相互影响，研究多物理场的耦合特性首需要对多物理耦合场的作用形式进行分析研究。

电磁-热多物理场的耦合关系如图2-1所示。其中的耦合关系主要包括电磁场和温度场之间的耦合，具体描述为：通过热传导控制方程求解温

度场分布时，须首先已知方程中的热源项，而热源项由电磁场中计算的电磁损耗密度决定，属于源耦合关系类别。电缆接头导体的电磁损耗密度又与金属导体材料的电导率相关，而电导率又是温度的函数，属于属性耦合的范畴。因此，电缆接头的电磁场计算和温度场计算也是一个双向耦合过程。

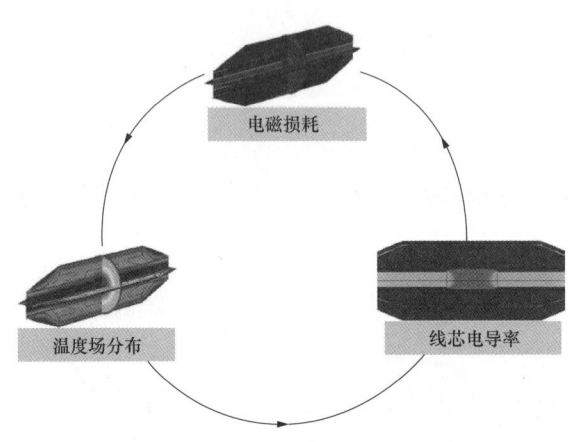

图 2-1　电磁 – 热多物理场耦合关系

当对导体施加工频电流时，通过电磁场计算求得矢量磁位 A 后，可求得电力电缆导体内部各处的总电流密度和电磁损耗密度分别为

$$J = \nabla \times \frac{1}{\mu} \nabla \times A \qquad (2-21)$$

$$Q_v = \frac{1}{\sigma} |J|^2 \qquad (2-22)$$

式中：J 为包括源电流密度及涡流电流密度的总电流密度，A/m^2；Q_v 为单位体积电磁损耗，W/m^3。

电缆接头金属导体部分的电导率与温度之间满足以下关系

$$\sigma = \frac{\sigma_{20}}{1 + \alpha(T - 20)} \qquad (2-23)$$

式中：σ 为当前温度下的电导率，S/m；σ_{20} 为 20℃下的电导率，S/m；α 为电导率随温度变化的温度系数；T 为金属导体当前温度，℃。

第四节 耦合场求解计算与实现

目前，耦合场过程的分析方法主要分为顺序耦合求解和直接耦合求解。其中，顺序耦合求解方法将两个或者多个物理场按一定的顺序依次进行求解，即通过将前一个场分析收敛得到的结果作为载荷施加到另一个场分析中进行耦合求解，并得到收敛结果，直至最后一个场计算结束；而直接耦合求解方法为使用包含多物理场自由度的耦合单元进行一次求解计算。对于各物理场相互独立、相互作用非线性程度不高的耦合场，顺序耦合求解方法具有灵活、高效的优点；而对于各物理场之间相互作用高度非线性的耦合场问题，直接求解方法更具有优势。

结合电缆接头电磁场、温度场和应力场之间的耦合作用形式，选取顺序耦合求解方法对其进行计算，计算流程如图2-2所示。

具体求解步骤如下：

（1）数值计算分析之前，设定电力电缆接头电磁-热耦合分析中各个分析子模块控制方程所需的材料特性参数，包括部分具有温变特性的参数，并设定相应的初始条件。

（2）根据初始温度$T(0)$计算导体和屏蔽层铜材料的电导率σ，结合电缆接头电磁场计算所需的边界条件（包括激励源设置）后，便可以计算得到电缆接头的电磁场分布。

（3）判断相邻两次电磁场计算结果差值是否控制精度要求，若不满足，令迭代次数$k=k+1$，重新计算电磁场，直至相邻两次迭代计算结果差值满足控制精度要求。

（4）将由电磁场分析模型中计算得到的单位体积生热率Q_v载入温度场分析模型中，并结合施加的温度边界条件计算得到电缆接头的温度场分布。

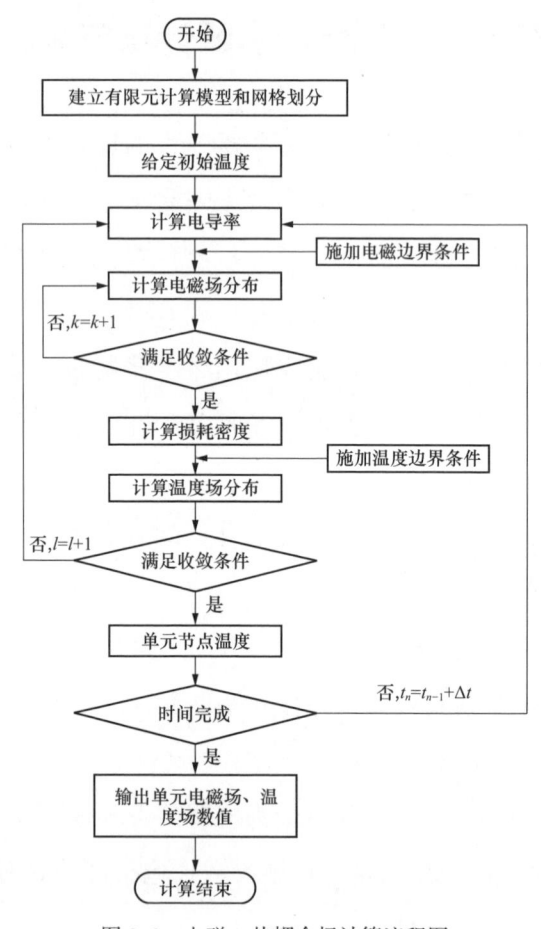

图 2-2 电磁-热耦合场计算流程图

（5）判断相邻两次迭代计算温度差值是否满足控制精度要求，若不满足，根据计算得到的温度分布情况更新铜材料的电导率值，同时令迭代次数 $l=l+1$，再计算电磁场，重复上述（2）至（4）过程，直至相邻两次迭代计算温度差值满足控制精度要求。

（6）判断此时计算时间是否达到计算完成时间，若未达到，令时间 $t_n=t_{n-1}+\Delta t$，重复上述（2）至（5）过程开始下一时刻的电磁-热耦合场计算，直至计算完时间，仿真结束，保存仿真结果，并转入后处理，进行仿真结果的读取与查看等操作。其中，在前后两个时间步的衔接方面，是通过有限差分法来建立递推关系实现的。

自20世纪80年代开始,有限元法分析软件迅速发展,相继出现了如NASTRAN、SAP、Abaqus、Ansoft Maxwell、COMSOL、ANSYS等软件。其中COMSOL Multiphysics作为一款大型的高级数值仿真软件,成功实现了包括电磁学、传热学、流体力学、结构力学、光学、声学、微波工程、等离子体等在内的任意多物理场之间的耦合,且能通过软件提供的特定的物理接口模块,自建偏微分方程(PDE)。该软件被广泛应用于科学研究和工程计算的各个领域,以高效的计算性能和杰出的多场双向直接耦合分析能力实现了高度精确的数值仿真,被当今世界科学家称为"第一款真正的任意多物理场直接耦合分析软件"。因此,本项目选用COMSOL Multiphysics软件实现高压电缆及接头的电磁-热-力耦合场数值求解。

研究高压电缆运行过程中的电磁场、温度场之间的相互作用耦合机理,本质是通过研究多物理场之间的信息传递问题,包括场源耦合、流耦合和属性耦合等获得多物理耦合场的规律及特性,并根据多物理耦合场的特性设计和选择一种实现电磁-热多物理耦合场高效计算的方法,包括迭代求解策略与时间步长的选取,得出高压电缆及其附件内部各个因素对其耦合场的影响规律。

第三章　高压电缆多物理场分析

第一节　高压电缆本体多物理场分析

本节以 YJLW03-Z 64/110 1×1600mm² 型高压单芯电力电缆为例，电缆径向截面结构如图 3-1 所示。

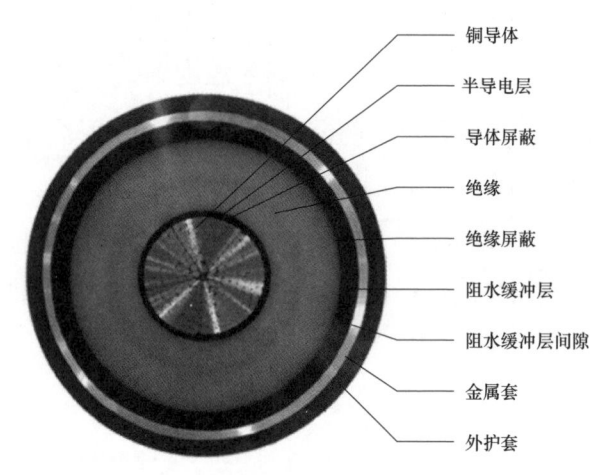

图 3-1　110kV 高压单芯电力电缆截面结构

一、典型敷设条件

高压电缆采用的敷设方式视具体工作场合、环境特点、电缆类型和回路数量等因素进行综合考虑，以满足运行可靠、便于维护及技术经济需求。电缆线路常用的敷设方式包括空气敷设、沟道敷设、排管敷设和直埋敷设等。以单回路，三相电缆相间间距一倍外径的排列方式为例，满足电缆导体允许运行温度不超过90℃的约束条件，计算得到不同敷设方式下的电缆温度场分布及载流能力。

1. 空气敷设方式

空气敷设下电缆缆芯作为主要热源，当热量到达电缆外表皮，通过热对流和热辐射的方式与空气进行热量交换，其对流散热边界可以表示为

$$-\lambda \frac{\partial T}{\partial n}|_S = h(T_f - T_{amb}) \quad (3-1)$$

式中：h为表面对流换热系数，W/（m²·K），本节电缆表面与外界环境之间的对流换热系数大小为6；T_f为发热体表面温度，℃；T_{amb}为环境温度，℃。

根据斯蒂芬-玻尔兹曼定律，电缆表面的辐射散热边界可以表示为

$$-\lambda \frac{\partial T}{\partial n}|_S = \sigma_0 \varepsilon (T_f^4 - T_{amb}^4) \quad (3-2)$$

式中：σ_0为斯蒂芬-玻尔兹曼常数，取5.67×10^{-8}W/（m²·K⁴）；ε为表面发射率，电缆表面发射率取0.9，外部空气自然对流换热，同时参照《浙江电网输变电设备载流能力核定工作指导意见》将环境温度取值为36.5℃，分析计算得到该边界条件下的高压电缆载流能力为1978A。参照《输电线路载流能力参考手册》，相同边界条件下1600mm²截面高压电缆空气敷设方式下的载流能力为1927A，仿真结果与手册参考值偏差为2.6%。

由图3-2的仿真计算分析可知，由电缆缆芯导体向表面的径向温度呈明显下降趋势，电缆最高温度由缆芯处的90℃降低为电缆表面处的54.24℃。由于导体的趋肤效应，在缆芯外径处得到电缆的最大体积损耗密度，达7.84×10^4W/m³。由于电缆内部不同材料的导热性差异，温度梯度主要呈现在绝缘层、阻水缓冲层、外护层，最高可达1.4℃/mm。

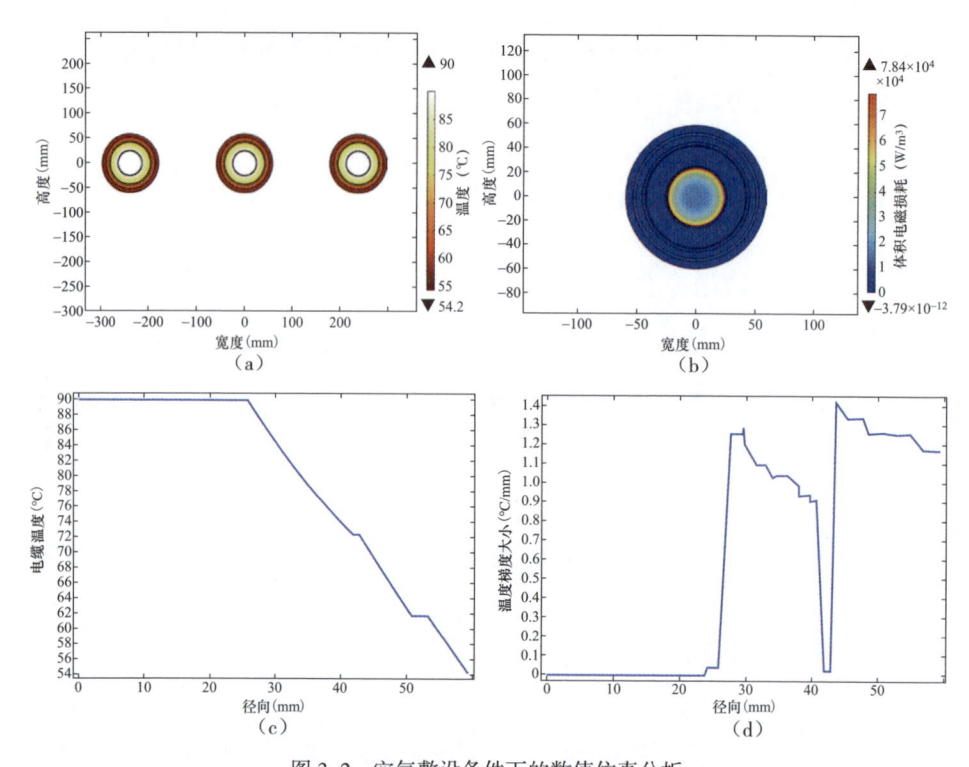

图 3-2 空气敷设条件下的数值仿真分析
（a）温度场分布；（b）体积电磁损耗分布；（c）径向温度分布；（d）径向温度梯度

2. 沟道敷设方式

沟道敷设下电缆缆芯作为主要热源，当热量到达电缆外表皮，通过热对流和热辐射的方式与沟道内空气进行热量交换，其对流散热边界和辐射散热边界可以表示为式（3-1）及式（3-2）。沟道外壁土壤通过热传导和热对流将热量传递给深层土壤及外界空气，其热传导边界可以表示为

$$-\lambda \frac{\partial T}{\partial n}|_s = k\left(T_\mathrm{f} - T_\mathrm{amb}\right) \tag{3-3}$$

式中：k 为热导率，W/（m·K）。

参照 JB/T 10181.31—2014《电缆载流量计算 第31部分：运行条件相关 基准运行条件和电缆选型》以及 IEC 60287-3-1：1999《电缆 电流

定额的计算 第3部分：运行条件》第1节"基准运行条件和电缆类型的选择"中与运行条件相关的标准中的数值：土壤温度取20℃、土壤热阻系数（平均值）取1.0K·m/W。因此，本节建模设定沟道敷设模型左右边界沟壁外3m为热绝缘，下边界3m外设置土壤恒定温度20℃，土壤（沟道本体）热阻系数1.0K·m/W，沟道盖板厚度为0.2m，沟道内宽度1.8m，内高度1.8m，壁厚0.25m。在外部环境温度36.5℃，空气自然对流换热情况下，有限元分析计算得到沟道敷设方式下的电缆载流能力为1542A。参照《输电线路载流能力参考手册》的数值，相同边界条件下1600mm^{2}截面高压电缆沟道敷设方式下的载流能力为1584A，其仿真结果与手册参考值偏差为2.7%。

由图3-3仿真计算分析得到，由电缆缆芯向表面径向温度发生明显的

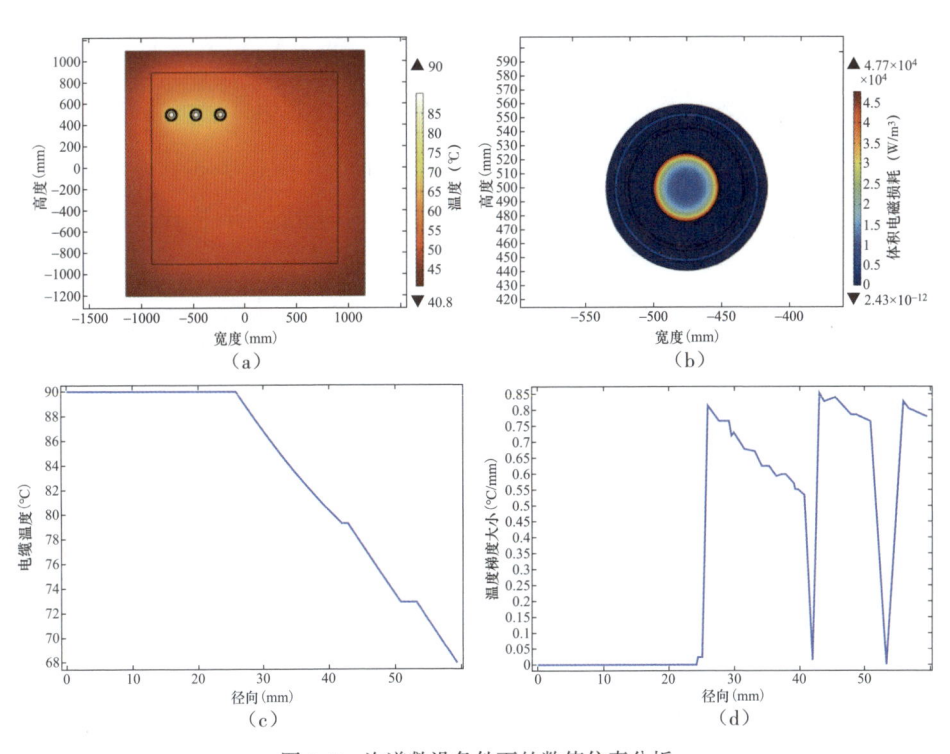

图3-3 沟道敷设条件下的数值仿真分析
（a）温度场分布；（b）体积电磁损耗分布；（c）径向温度分布；（d）径向温度梯度

下降趋势，电缆最高温度由缆芯处的90℃降低为电缆表面处的68.29℃。由于导体的趋肤效应，在缆芯外径处得到电缆的最大体积损耗密度，计算得到电缆的体积损耗密度为$4.77\times10^4\mathrm{W/m^3}$。由于电缆内部结构不同部分导热性的差异性，温度梯度主要呈现在绝缘层、阻水缓冲层、外护层，最高达到约0.85℃/mm。

3. 排管敷设方式

排管敷设下电缆缆芯作为主要热源，当热量到达电缆外表皮，通过热对流和热辐射的方式与排管内空气进行热量交换，其对流散热边界和辐射散热边界可以表示为式（3-1）及式（3-2），排管外壁土壤通过热传导和热对流将热量传递给深层土壤及外界空气，同样设定排管敷设模型左右边界管壁外3m为热绝缘，下边界3m外设置土壤恒定温度20℃，土壤热阻系数1.0K·m/W，排管规格ϕ200mm，敷设深度0.5m。在外部环境温度36.5℃，空气自然对流换热下情况下，分析计算得到电缆载流量为1480A。参照《输电线路载流能力参考手册》，相同边界条件下1600mm^{2}截面高压电缆排管敷设方式下的载流能力为1432A，仿真结果与手册参考值偏差为3.4%。

由图3-4仿真计算分析得到，由电缆缆芯向表面径向温度发生明显的下降趋势，电缆最高温度由缆芯处的90℃降低为电缆表面处的70.40℃。由于导体的趋肤效应，在缆芯外径处得到电缆的最大体积损耗密度，计算得到电缆的体积损耗密度为$4.39\times10^4\mathrm{W/m^3}$。由于电缆内部结构不同部分导热性的差异性，温度梯度主要呈现在绝缘层、阻水缓冲层、外护层，最高达到约0.75℃/mm。

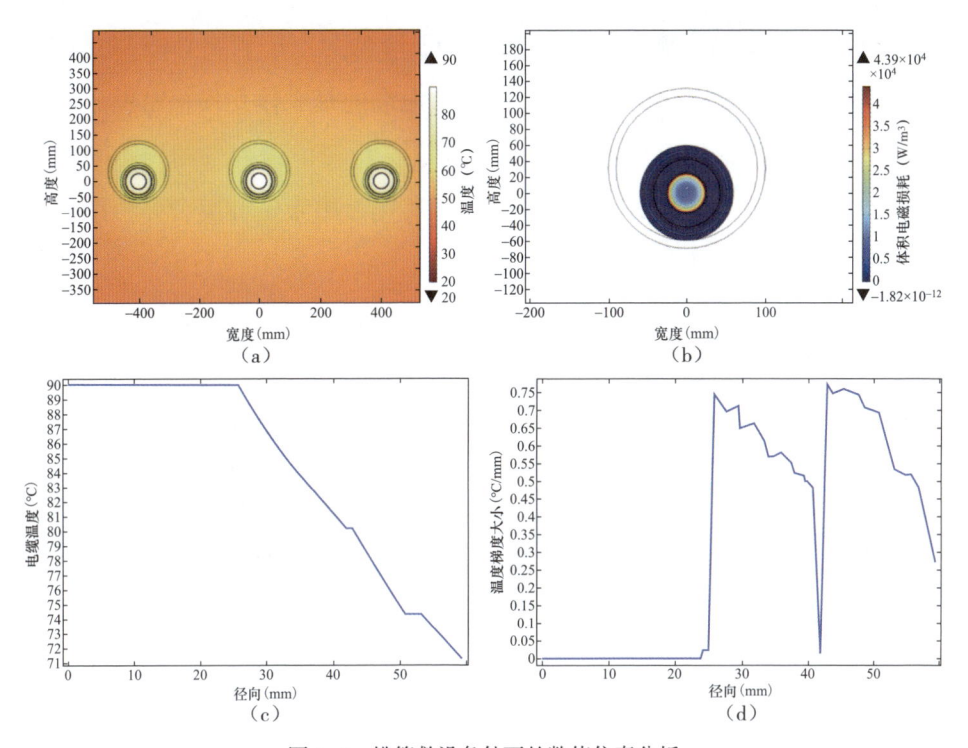

图 3-4 排管敷设条件下的数值仿真分析
（a）温度场分布；（b）体积电磁损耗分布；（c）径向温度分布；（d）径向温度梯度

4. 直埋敷设方式

直埋敷设下电缆缆芯作为主要热源，当热量到达电缆外表皮，通过热传导的方式将热量传递给深层土壤及外界空气，其热传导边界可以表示为式（3-1）及式（3-2）边界公式。

同样设定直埋敷设模型左右边界电缆表面外3m为热绝缘，下边界3m外设置土壤恒定温度20℃，土壤热阻系数1.0K·m/W，直埋深度0.5m。在外部环境温度36.5℃，空气自然对流换热下情况下，分析计算得到电缆载流量为1392A。参照《输电线路载流能力参考手册》，相同边界条件下1600mm² 截面高压电缆直埋敷设方式下的载流能力为1427A，仿真结果与手册参考值偏差为2.5%。

由图3-5仿真计算分析得到，由电缆缆芯向表面径向温度发生明显的

19

下降趋势，电缆最高温度由缆芯处的90℃降低为电缆表面处的72.28℃。由于导体的趋肤效应，在缆芯外径处得到电缆的最大体积损耗密度，计算得到电缆的体积损耗密度为$3.88 \times 10^4 \text{W/m}^3$。由于电缆内部结构不同部分导热性的差异性，温度梯度主要呈现在绝缘层、阻水缓冲层、外护层，最高达到约0.75℃/mm。

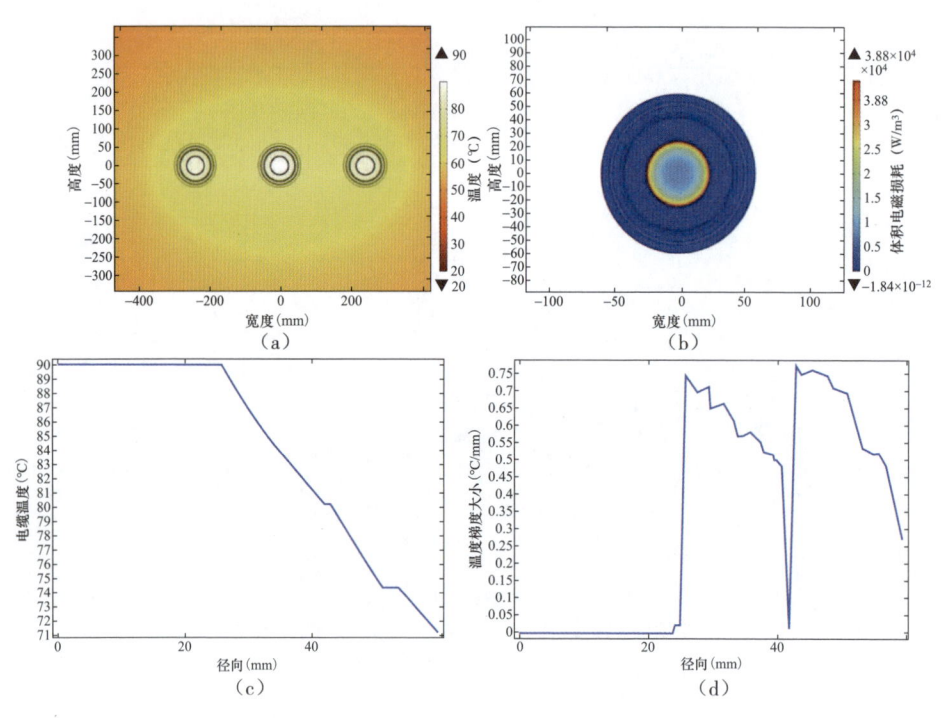

图 3-5 排管敷设条件下的数值仿真分析
（a）温度场分布；（b）体积电磁损耗分布；（c）径向温度分布；（d）径向温度梯度

二、典型运行工况

基于空气敷设条件下的仿真计算结果，分别取负荷电流为800、989（半载）、1200、1400、1600、1800、1978A（满载），利用有限元软件对不同负荷条件进行数值仿真计算，计算结果如图3-6所示。随着负荷的增加，电缆缆芯与电缆表面的温度差发生明显的上升趋势，由负荷800A时的温差5.38℃上升为负荷电流1978A时的温差35.74℃。电缆最大温度梯度也随着负荷电流增加也由负荷800A时的0.2℃/mm变为1978A时的1.4℃/mm。并且，电缆的体积电磁损耗为由负荷800A时的32.59W/m上升为负荷电流1978A时的214.23W/m。

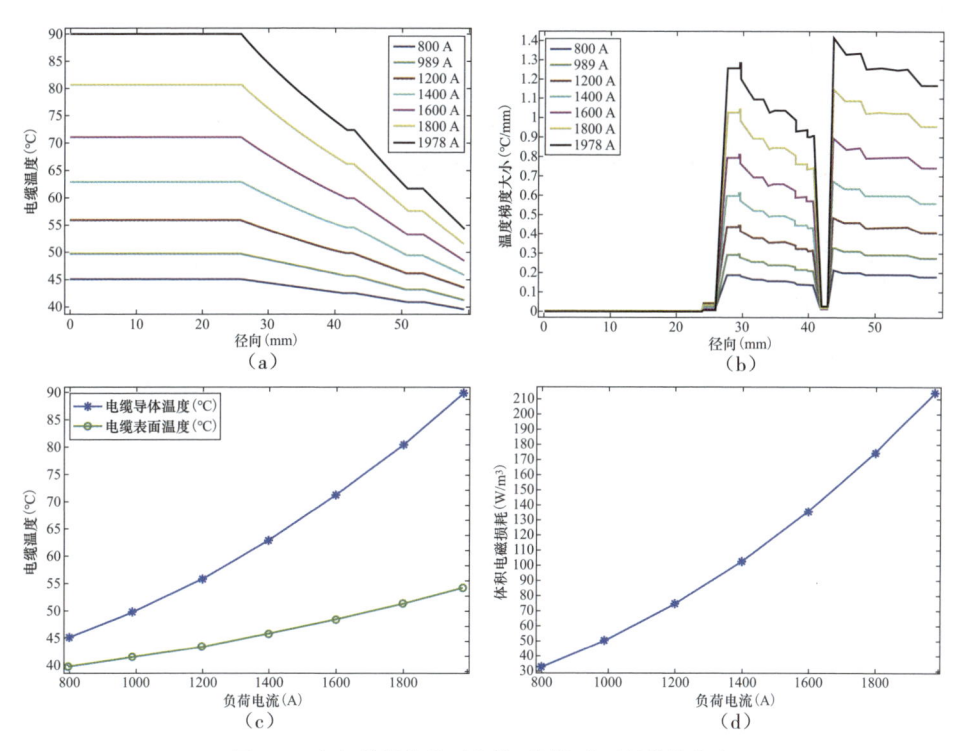

图3-6 空气敷设条件下电缆不同负荷下的数值仿真
（a）温度场径向分布；（b）温度梯度径向分布；
（c）导体温度与表面温度比较；（d）体积电磁损耗密度

通过以负荷电流为自变量进行函数拟合，分别得到电缆导体温度、表面温度以及电缆体积电磁损耗密度的二次多项式拟合曲线，确定系数均等于1，具有良好的相关性，计算结果如表3-1所示。

表3-1 空气敷设条件下不同负荷电流的数值拟合曲线

函数名称	拟合函数	均方根误差	确定系数
导体温度与负荷电流拟合	$y = 1.47 \times 10^{-5} x^2 - 2.879 \times 10^{-3} x + 36.08$	0.1064	1
表面温度与负荷电流拟合	$y = 3.742 \times 10^{-6} x^2 + 1.886 \times 10^{-3} x + 35.85$	0.02117	1
体积电磁损耗密度与负荷电流拟合	$y = 6.432 \times 10^{-5} x^2 - 2.506 \times 10^{-2} x + 11.78$	0.4694	1

第二节 高压电缆接头多物理场分析

一、计算模型

高压电缆通常每隔400~500m通过中间接头进行续接，中间接头相较于电缆本体结构更为复杂，增加了压接管、屏蔽罩、应力锥、硅橡胶主绝缘等结构，如图3-7所示。其中，接头中的铜芯与本体的铜芯通过压接管连接，硅橡胶作为增强绝缘，应力锥则用来解决本体与接头之间连接引起的应力及电场过渡问题。

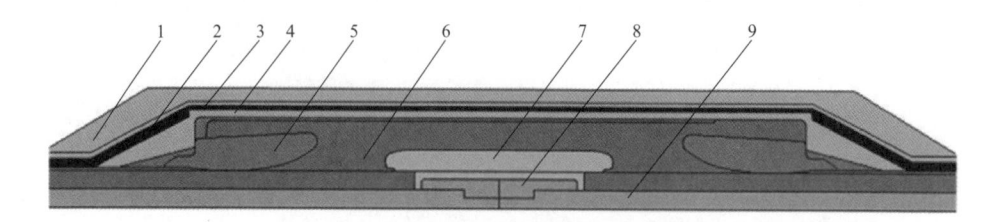

图3-7 110kV高压电缆中间接头结构示意
1—电缆外护套；2—绕包带；3—铜网；4—半导电带；5—应力锥；6—预制绝缘件；7—屏蔽罩；8—压接管导体；9—缆芯导体

以YJJJ 64/110kV $1 \times 800 \text{mm}^2$型高压电缆预制式直通接头为例进行建模计算。采用COMSOL Multiphysics对接头进行电磁-热耦合场分析时，需将无限大场域转换成闭域场，即确定电缆接头计算求解区域的边界，按有界场计算，且尽量缩小求解区域范围。综合考虑电缆接头沿本体轴向传热有效长度，以及矢量磁位在远离接头外部空气域中快速衰减特性，可得接头耦合场计算有效闭区域模型如图3-8所示。

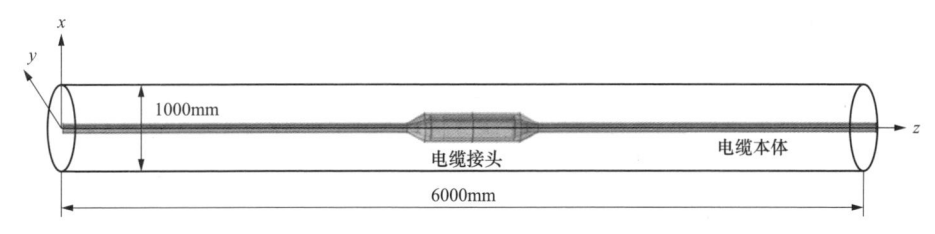

图 3-8 110kV 高压电缆本体及接头求解区域示意

电缆接头以及两侧电缆本体的总长为6000mm，距电缆表面500mm处为空气区域的边界。电缆本体及接头求解区的多物理场边界条件设置如下：

1. 电磁场边界条件

矢量磁位A在电缆导体外部空间快速衰减，距离电缆表面0.5m处其数值大小约为0，即空气域外边界条件为

$$A|_{S_0} = 0 \tag{3-4}$$

轴向距离接头中心一定距离的径向截面为磁绝缘边界，即

$$n \times A|_{S_1 \ S_2} = 0 \tag{3-5}$$

式中：n为边界法向量。

2. 温度场边界条件

电缆接头外表面通过自然对流和辐射方式向外界空气域散热，其对流散热边界可以表示为

$$-\lambda \frac{\partial T}{\partial n}|_{S_3} = h(T_f - T_{amb}) \tag{3-6}$$

式中：h 为表面对流换热系数，W/（m²·K），本项目取电缆表面与外界环境之间的对流换热系数大小为 5.6；T_f 为发热体表面温度，℃；T_amb 为环境温度，℃。

根据斯蒂芬-玻尔兹曼定律，电缆表面的辐射散热边界可以表示为

$$-\lambda \frac{\partial T}{\partial n}\Big|_{S_3} = \sigma_0 \varepsilon \left(T_\mathrm{f}^4 - T_\mathrm{amb}^4\right) \quad (3-7)$$

式中：σ_0 为斯蒂芬-玻尔兹曼常数，取 5.67×10^{-8} W/（m²·K⁴）；ε 为表面发射率，取电缆接头表面发射率为 0.6。

在电缆轴向远离电缆接头处，电缆本体温度已不受接头温度影响，可认为此处电缆轴向温度不再变化，根据现有研究可取轴向距离接头中心 3000mm 的电缆本体径向截面上的法向温度梯度为 0，即

$$-\lambda \frac{\partial T}{\partial n}\Big|_{S_1,\,S_2} = 0 \quad (3-8)$$

3. 应力场边界条件

已有研究表明：在不造成附件安装困难和电缆绝缘损坏的前提下，若要避免电缆附件沿面击穿，须使电缆附件在安装后与电缆主绝缘结合界面通过过盈配合保持一定的握紧力，依赖附件绝缘的高弹性来实现。结合界面上握紧力可用压力边界条件进行描述，即

$$n\cdot\sigma\,|_{S_4} = f_0 \quad (3-9)$$

一般来讲，对于新安装后的电缆接头，该结合界面的初始面压要求达到 0.25MPa，即取 f_0=0.25MPa。

在电缆轴向远离电缆接头处，电缆接头仅考虑径向传热，可认为电缆本体在 S_1 和 S_2 截面上的位移也都是沿径向方向，即轴向位移分量等于 0，可用表达式描述为

$$n\cdot u\,|_{S_1,\,S_2} = 0 \quad (3-10)$$

电缆接头表面满足的边界条件为自由边界，即不存在任何力和位移的约束条件。

在 COMSOL Multiphysics 中建立 110kV 电缆接头几何模型后，根据电磁场和传热学控制方程、边界条件以及材料物性参数进行具体设定。当施加负荷电流为 1200A 时，求解得到的电缆接头及其本体的电流密度分布如图 3-9 所示。

由图 3-9 中的电流密度径向分布图可知，电缆接头及其附近本体的电流密度分布均具有明显的趋肤效应，导体表面区域电流密度模大于导体内部中心处。由于电缆接头的缆芯导体采用铜压接管进行压接，导体等效横截面积更大，因此电缆接头内部压接管处导体的趋肤效应也更加明显。电缆接头压接管表面最大电流密度模为 $1.65 \times 10^6 \text{A/m}^2$，而电缆本体导体的最大电流密度模为 $2.45 \times 10^6 \text{A/m}^2$。

电缆本体及接头的体积电磁损耗密度截面分布如图 3-10 所示，由于单位体积电磁损耗 Q_v 正比于电流密度 J 的平方，故可以看出单位体积电磁损耗 Q_v 同样表现出趋肤效应，导体表面区域电磁损耗大于导体内部中心处。同时接头部位的等效导体体积更大，其单位体积电磁损耗密度小于

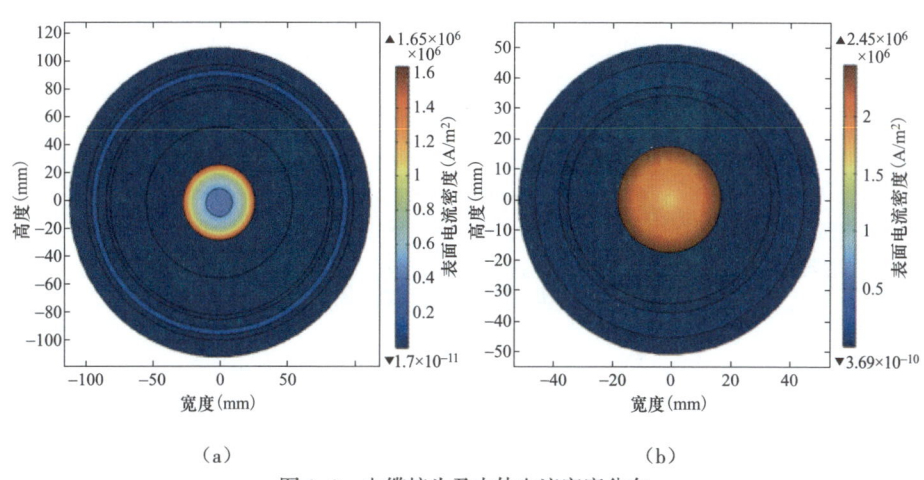

图 3-9 电缆接头及本体电流密度分布
（a）接头处截面；（b）本体处截面

(a)　　　　　　　　　　　　　　(b)

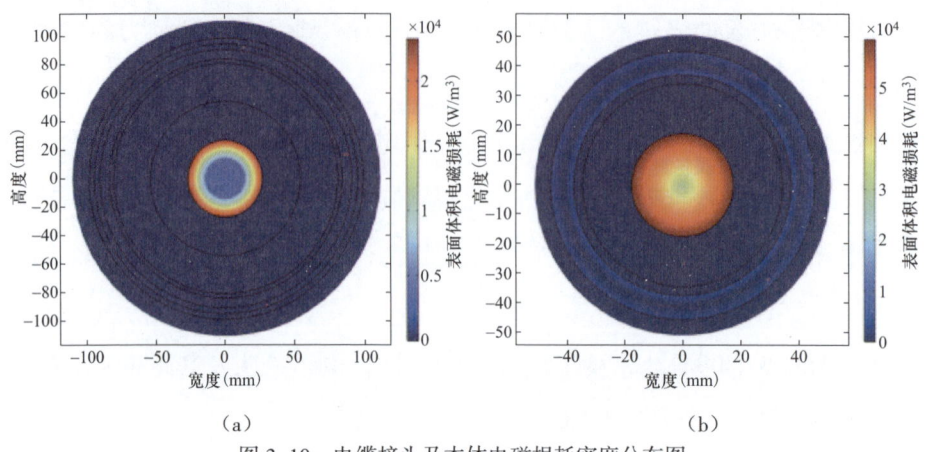

图 3-10　电缆接头及本体电磁损耗密度分布图
(a) 接头处截面；(b) 本体处截面

电缆本体。

由于电缆接头中间连接处压接管的存在，电磁损耗分布出现了畸变，如图 3-11 所示，这里也是模型中单位体积电磁损耗最大值处。这是由于电流的趋肤效应，使得电流从缆芯本体流至压缩金属连接头时，电流会在两者接触处收窄，电流线变密，电流密度变大。

将上面计算得到的电缆接头电磁损耗分布耦合到温度场计算分析模块的热源项中，进行求解计算，可得到电缆接头的温度场分布如图 3-12 所示。

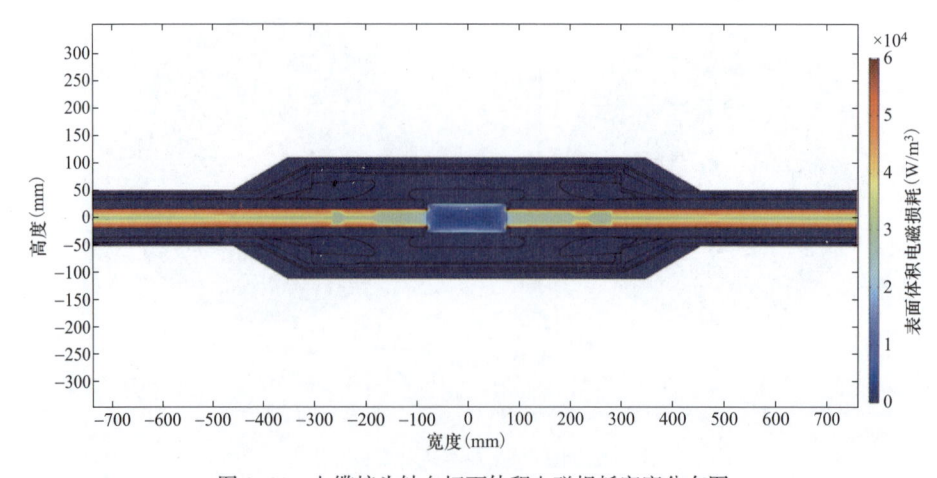

图 3-11　电缆接头轴向切面体积电磁损耗密度分布图

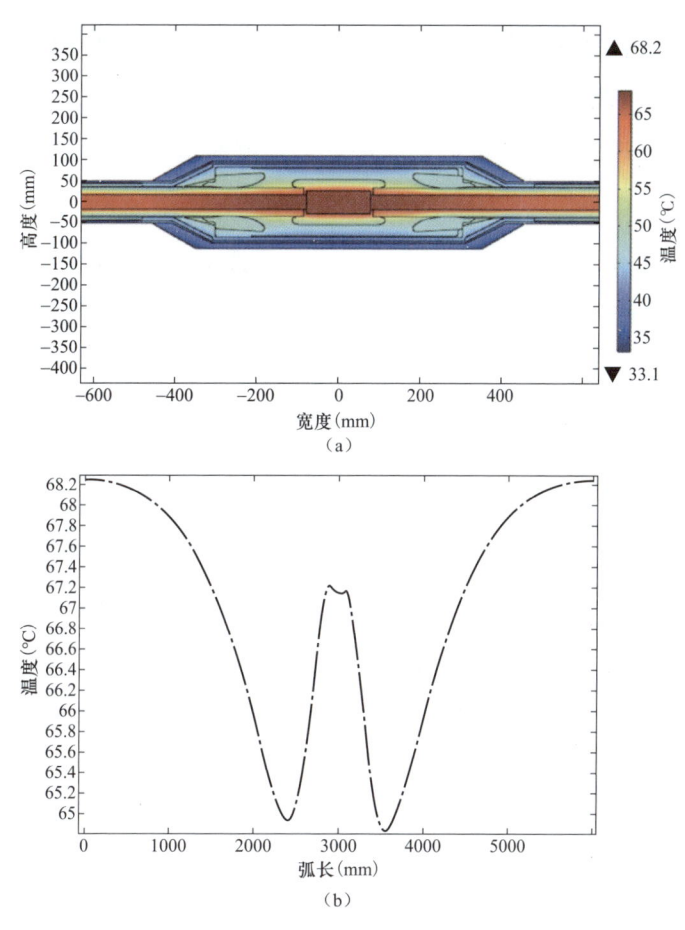

图 3-12 电缆接头温度场分布
（a）温度场分布；（b）轴向温度分布

由图 3-12 中的电缆接头温度场分布可以看出：

（1）电缆接头与远端电缆本体之间的轴向温度分布曲线呈 W 状，在不考虑接触电阻存在时，最高温度位于电缆接头附近本体，温度值为 68.2℃。在电缆接头压接管中心处的缆芯温度为 67.1℃，要比远端电缆本体缆芯温度低 1.1℃。这是由于仿真中未考虑电缆接头缆芯连接处接触电阻的影响，电缆接头中心压接管缆芯处的电磁损耗要比电缆本体缆芯处的小，并且电缆接头的外径要比电缆本体的大得多，对流散热效果较好。

（2）在弧长 2500mm 和弧长 3500mm 处，温度值最低值为 64.8℃，这是由于该处位于电缆接头剥切短端，与电缆中间接头主绝缘件相比，径向尺寸较小；与电缆本体相比，该处不存在铝护套以及气隙层从而使得剥切短端的径向导热能力强于电缆接头中部以及电缆本体，从而导致该处温度最低。

（3）距离电缆接头中心超过2.5m时，电缆本体的温度几乎保持不变，不再受到电缆接头的轴向传热影响。

二、模型验证

对于上述110kV电力电缆，在距接头中心2.5m的电缆本体处取一径向截面，分别查看该截面上的磁场和导体电磁损耗分布情况，并将该仿真得到的数值结果与解析值进行比较，如表3-2所示。其中，导体热源Q_v的解析值由IEC-60287标准计算得到。由表可以看出，基于有限元法计算得到磁场模最大值$|H|_{max}$、导体平均热源Q_v结果与解析计算方法得到的结果之间的相对误差均在0.5%以内。

表3-2 解析值与有限元计算值比较

物理量	解析法	有限元法	相对误差（%）
$|H|_{max}$（A/m）	1.1435×10^4	1.1429×10^4	0.052
Q_v（W/m³）	3.3844×10^4	3.377×10^4	0.22

同时，为了验证温度计算结果的准确性，选取了重庆某地下隧道敷设电缆线路为测试对象，采用手持式红外测温仪进行了电缆本体现场测温实验。当环境温度为40℃、负荷电流为238A时，实时在线电流数据与计算得到的结果进行比较，如图3-13所示。其中，电缆本体测温点选择离接头较远，可忽略轴向传热的影响，电缆表面温度的仿真计算结果与实测结果分别为41.866℃和42.09℃，两者吻合较好。

第三章 高压电缆多物理场分析

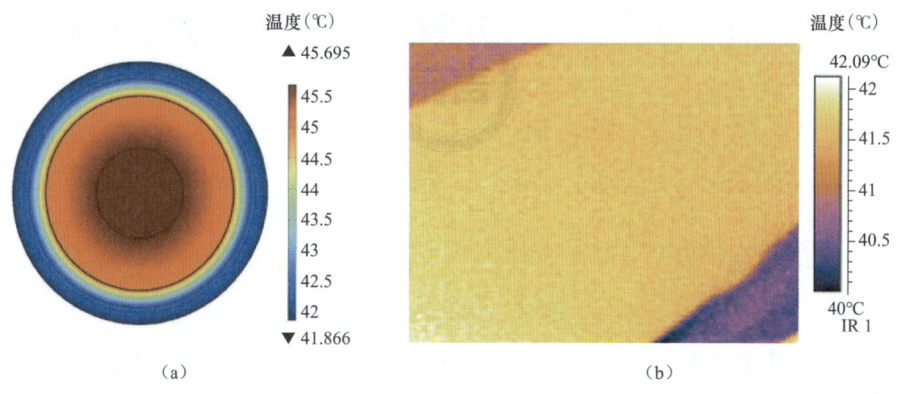

(a)　　　　　　　　　　　　　　(b)

图 3-13　计算结果与实测结果对比
（a）仿真结果；（b）实测结果

此外，通过全天中不同时刻的多次测量，将不同负荷电流和环境温度下的电缆表面温度实测值与仿真值进行对比，如表3-3所示。由表看出，不同负荷电流和环境温度下电缆表面温度的仿真计算结果与实测结果之间的相对误差不超过3.32%。数值计算结果与理论、实测结果吻合较好，采用有限元法对电缆接头温度特性进行计算分析较为准确。

表3-3　电缆表面温度实测值与仿真值对比

负荷（A）	环境温度（℃）	实测值（℃）	计算值（℃）	误差（%）
72	18	18.6	18.4	1.08
137	21.3	21.7	25.7	2.28
145	26.4	27.5	27.15	1.27
149	31.6	32.5	32.4	0.31
210	36.6	39.2	37.9	3.32
238	40	42.09	41.87	0.52

29

第三节　典型缺陷下的高压电缆多物理场分析

高压电缆及附件安装过程中，易出现导体连接管机械或压力强度不够、绝缘表层划伤、绝缘表面导电金属颗粒残留、电场裕度考虑不合理等问题。这些问题将导致电缆诸多薄弱环节及缺陷的存在，若这些部位在高电压下出现高场强，极易引发局部放电的发生，最终导致绝缘介质击穿、烧毁甚至爆炸。本章选取五种高压电缆典型缺陷，分别开展电缆接头压接缺陷、电缆接头绝缘内部气隙缺陷、海缆铠装锚固发热缺陷、电缆皱纹铝护套烧蚀缺陷以及电缆接地悬浮缺陷的多物理场分析，研究了载流量与温度间的映射规律。

一、电缆接头导体与金属连接管之间压接缺陷

电缆接头现场施工时，受环境及人员技术素质影响，存在导体与金属连接管之间的机械或压力强度不够，导致导体和连接管之间存在接触电阻。而接触电阻的存在，使得电流流过导体连接处时表现为电流线收缩、电流密度增大、电磁损耗增大，接触处的温度也随之升高。因此，在进行电缆接头的热分析时必须考虑接触电阻的影响，即考虑压接工艺缺陷下导体连接处的热损耗影响。

1. 计算模型

对电缆接头进行电磁场分析，输入参数包括材料电导率、磁导率等参数，导体连接处的结构及其等效仿真模型如图 3-14 所示。为了考虑接触电阻的产热影响，本节通过求解电缆导体及压接管连接处的等效电导率来计算电缆接头连接部位的等效热损耗。

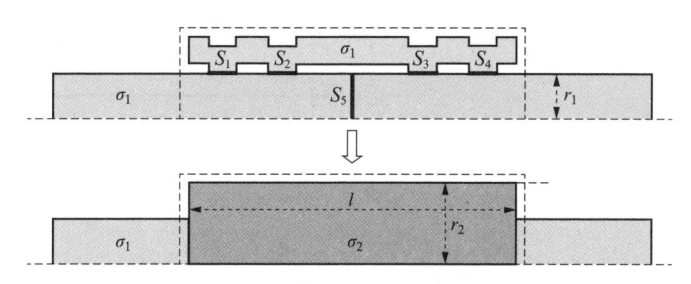

图 3-14 电缆导体连接处结构及其等效模型

如图 3-14 所示，S_1~S_5 分别为存在接触电阻的 5 个面；r_1、σ_1 分别为导体半径及电导率；σ_2 为导体连接处的等效电导率；r_2、l 分别为压接管的外半径和长度。将导体和压接管连接处电阻值进行等效处理，同时定义该电阻值与相同长度的导体电阻值之间的比值为接触系数 k，则有

$$k = \frac{\dfrac{1}{\sigma_2} \cdot \dfrac{1}{\pi \cdot r_2^2}}{\dfrac{1}{\sigma_1} \cdot \dfrac{1}{\pi \cdot r_1^2}} = \frac{\sigma_1}{\sigma_2} \cdot \left(\frac{r_1}{r_2}\right)^2 \qquad (3-11)$$

对于式（3-11），若不考虑电缆导体与连接管之间的接触电阻，即认为 $\sigma_1=\sigma_2$，可知接触系数 k 值小于 1，这是理想情况。实际工程中，由于电缆接头制作工艺不规范和接头处接触电阻的存在，往往使得接触系数 k 值大于 1，这时的电缆接头制作属于不规范的，即存在压接工艺缺陷。因此，本节仅对接触系数 k 值大于等于 1 的情况进行研究。

根据式（3-11），求解可得接头导体等效电导率 σ_2 为

$$\sigma_2 = \frac{\sigma_1}{k} \cdot \left(\frac{r_1}{r_2}\right)^2 \qquad (3-12)$$

考虑到金属电导率为温度的函数，于是将式（2-23）代入式（3-12）可得

$$\sigma_2 = \frac{\sigma_{20}}{k\left[1+\alpha(T-20)\right]} \qquad (3-13)$$

则根据热损耗计算公式，得到接头导体连接处的等效热损耗计算公式为

$$Q_{\mathrm{v}} = \frac{|J|^2}{\sigma_2} = \frac{|J|^2}{\sigma_{20}} \cdot \left(\frac{r_2}{r_1}\right)^2 \cdot k\left[1 + \alpha(T-20)\right] \qquad (3-14)$$

2. 热损耗计算结果

根据式（3-13）将电缆接头导体连接等效区域的电导率σ_2设置为接触系数k和自身温度T的函数，可基于第三章第二节所建立的分析模型计算得到不同接触系数k值下导体连接处的等效热损耗分布。保持负荷电流I=645A（半载工况）和环境温度T_{amb}=25℃不变，可计算得到不考虑接触电阻影响（即k=0.545）和接触系数k=5时电缆接头中心截面（即z=3000mm位置）上的等效热损耗分布结果，如图3-15所示。

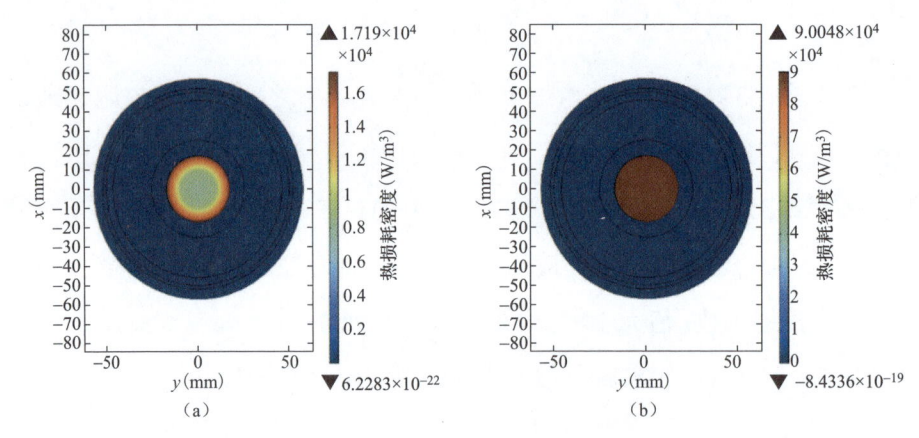

图3-15 电缆接头中心截面上的热损耗分布
（a）k=0.545；（b）k=5

由图3-15可以看出，k=5时电缆接头中心截面上的热损耗密度最大值为9.0048×10^{4}W/m^3，约为不考虑接触电阻影响（k=0.545）时对应值的5.24倍。

由接触系数k影响下的热损耗计算可知，高压电缆接头导体连接处的

接触电阻直接影响其热损耗大小，使成为影响电缆接头温升的重要因素。保持 I=645A 和 T_{amb}=25℃不变，改变接触系数 k 值的大小，仿真计算得到电缆接头缆芯、表面的轴向温度分布曲线分别如图 3-16 所示。

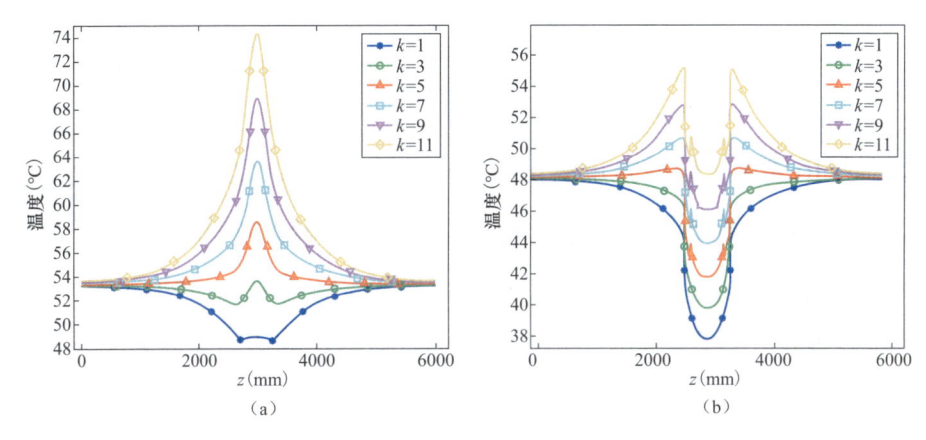

图 3-16　不同接触系数 k 值下的电缆轴向温度分布
（a）电缆缆芯；（b）电缆表面

由图 3-16 的电缆温度分布曲线结果可以看出：

（1）随着接触系数 k 值增大，电缆接头中心缆芯导体和表面温度均随之升高，且其最高温度升高的幅度也略有小幅增长。以接头中心缆芯导体为例，如接触系数 k 值由 1 增大到 3 时，最高温度由 48.9℃ 升高到 53.99℃，升高了 5.09℃，而接触系数 k 值由 9 增大到 11 时，最高温度由 69.18℃ 升高到 74.74℃，升高了 5.56℃。这种现象可能是由于负荷电流不变时，接头处体积损耗与等效电导率之间的线性关系、电导率与温度之间的线性关系共同作用造成的。

（2）接头处接触系数 k 改变了接头连接导体部位体积生热率的大小，且距接头中心 2.5m 处的电缆本体沿轴向的热传导作用已变得很弱，使得距接头中心 2.5m 处的电缆本体温度受接头接触系数 k 变化影响很小。

（3）随着接触系数 k 值增大，使得接头连接处等效导体的体积生热率增大，但接头处较大的外径尺寸使得其表面与空气之间的对流和辐射散热能力也越强，从而使得当接触系数 k 小于 2.7 时，接头处的散热占主导地位，电缆本体温度较电缆接头温度高；而当接触系数 k 大于 2.7 时，接头处的产热占主导地位，电缆接头温度较电缆本体温度高。同样，当接触系数 k 小于 11 时，接头中心表面处的散热占主导地位，电缆本体表面温度较电缆接头中心表面温度高；而当接触系数 k 等于 11 时，接头中心表面处吸热与散热之间的平衡状态才到达与电缆本体表面相当的水平，使得接头中心表面温度和电缆本体表面温度相等。

电缆缆芯导体为热的良导体，其缆芯中心轴线上的径向温度梯度等于 0，只有沿着轴向方向的温度梯度，且该温度梯度数值与电缆表面温度梯度数值相比非常小。因此，本节仅对电缆接头表面温度梯度规律进行分析。图 3-17 给出了电缆接头表面沿轴线方向上的温度梯度分布曲线。

由于电缆表面的径向温度梯度可写为 $-\dfrac{h \cdot (T - T_{\mathrm{amb}})}{\lambda}$，即电缆表面径向温度梯度与表面温度呈线性函数关系，使得电缆表面温度梯度分布曲线和电缆表面温度曲线具有相同的形状和变化规律。

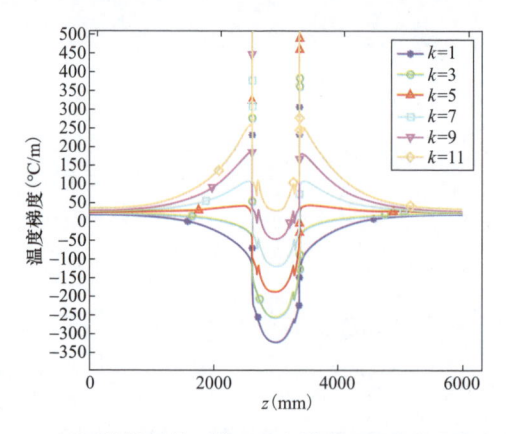

图 3-17 不同接触系数 k 值下的电缆表面温度梯度分布曲线

3. 热特性分析

电缆接头导体连接处接触电阻存在引起的接头温度升高是一个长期的过程。因此，本节对压接工艺缺陷下电缆接头的热特性进行稳态数值求解计算。

保持电缆负荷电流 I=645A、接触系数 k=5 和环境温度 T_{amb}=25℃不变时，可计算得到电缆接头的温度分布分别如图3–18（a）所示。其中，图3–18（b）为电缆接头中心（即 z=3000mm）横截面上温度沿径向分布曲线，图3–18（c）为距离电缆接头中心2.5m的本体处（即 z=5500mm）横截面上温度沿径向分布曲线。

由图3–18中的温度分布结果可以看出：

（1）图3–18（a）中电缆接头导体连接处温度最高，约为58.536℃，与不考虑接触电阻时计算得到的结果48.636℃相比，相对升高了20.4%。

（2）电缆接头中心横截面和距离接头中心2.5m的电缆本体横截面上的缆芯导体温度分别为58.535℃和53.388℃，与其相对对应的表面温度分别为41.768℃和48.169℃，电缆接头处导体温度比本体导体处高5.147℃，相对升高了9.64%，但接头中心表面温度却比本体表面处温度低6.401℃，相对降低了13.29%。造成这种现象的原因是因为电缆接头外径大、散热面积较大，对流散热能力也相应较强。

温度场为标量场，可对上述电缆接头温度结果进行求梯度运算处理，得到电缆接头的温度梯度分布如图3–19（a）所示，电缆接头中心（即 z=3000mm）横截面上温度梯度模值沿径向分布曲线图3–19（b）所示，距离电缆接头中心2.5m的本体处（即 z=5500mm）横截面上温度梯度模值沿径向分布曲线如图3–19(c)所示。

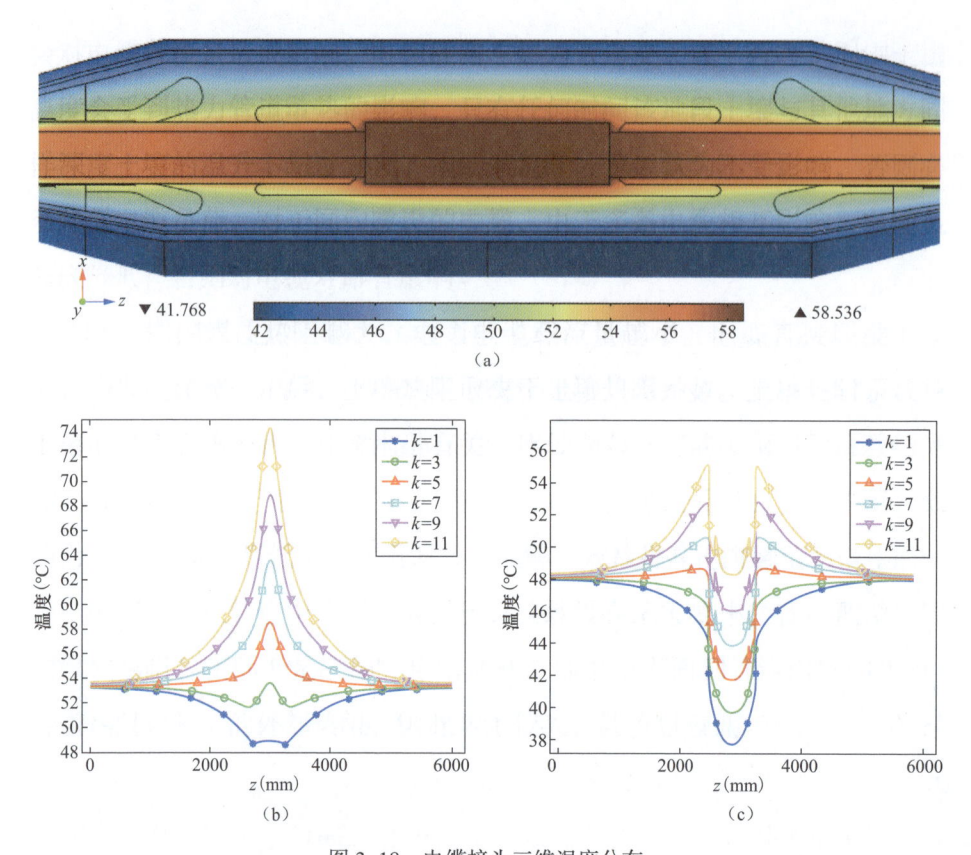

图 3-18 电缆接头三维温度分布

（a）温度场分布；（b）接头中心横截面上（即 $z=3000\text{mm}$）；（c）本体横截面上（即 $z=5500\text{mm}$）

由图 3-19 中的温度梯度分布结果可以看出：

（1）电缆缆芯铜导体为热的良导体，导体内部温度相对均匀，使得其内部温度梯度大小近似等于 0，而在热导率较小的电缆绝缘结构材料内部温度分布不均匀，使得温度梯度模值在绝缘层内部具有较大的数值。

（2）距接头中心 2.5m 电缆本体表面和接头中心表面的温度梯度分别为 781℃/m 和 562℃/m，差值达到 219℃/m，相对差值为 28.04%，这是因为电缆表面的径向温度梯度可写为 $-\dfrac{h \cdot \Delta T}{\lambda}$，而电缆接头本体处表面与环境温

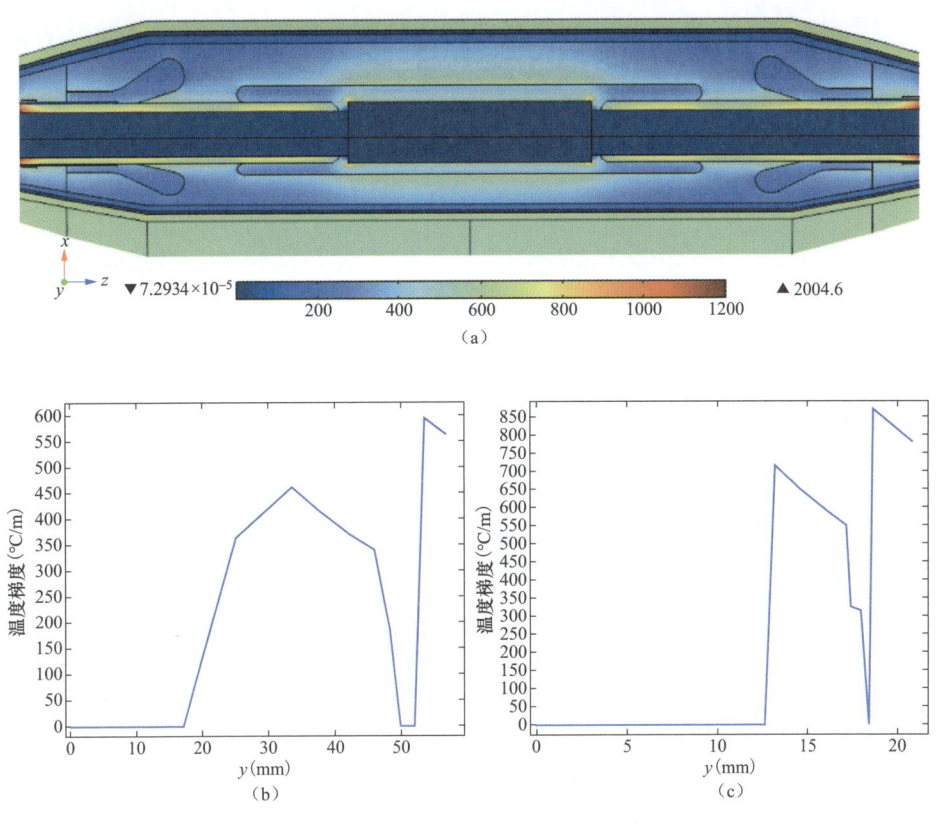

图 3-19 电缆接头三维温度梯度分布
（a）温度梯度大小分布；（b）接头中心横截面上（即 z=3000mm）；
（c）本体横截面上（即 z=5500mm）

度差为23.169℃，大于接头中心表面与环境温度差16.768℃，使得电缆本体表面温度梯度大于接头中心表面温度梯度。

为了分析考虑接触电阻影响时电缆接头的轴向传热特性，图3-20给出了电缆接头缆芯和表面温度沿轴向分布曲线，图3-21给出了温度梯度沿轴向分布曲线。由图3-20和图3-21中的曲线结果可知：

1）考虑接触电阻影响（k=5）时，在从电缆接头中心（z=3000mm）到电缆本体（z=0mm和z=6000mm）的轴向距离上，缆芯导体温度呈指数下降趋势，且该温度分布曲线与相关文献具有相同的变化趋势。

2）距离接头中心约2m以外的电缆本体的温度几乎不受接头温度的影响，该结论也可以从温度梯度模值在z小于1000mm和z大于5000mm范围内近似等于0可以得到。

3）缆芯导体和表面的温度变化范围分别为53.5~58.5℃和41.8~48.6℃，而相应的温度梯度模值变化范围为0~16℃/m和552~781℃/m，说明温度梯度变化范围更宽，即再次证明了温度梯度灵敏度高于温度。

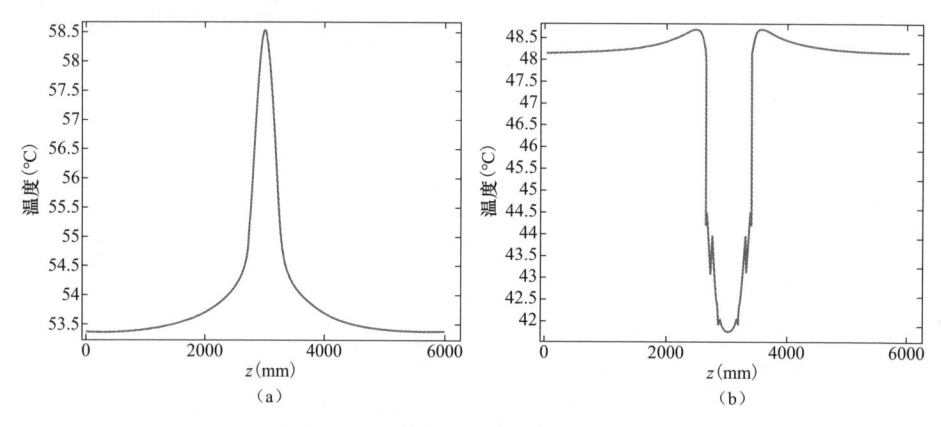

图3-20 电缆接头沿轴向温度分布曲线
（a）缆芯；（b）表面

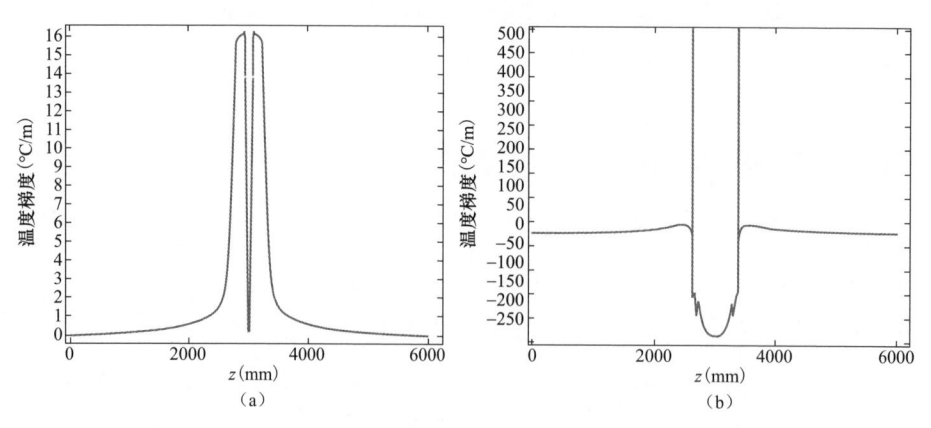

图3-21 电缆温度梯度沿轴向分布曲线
（a）缆芯；（b）表面

二、电缆接头绝缘内部气隙缺陷

(一)计算模型

1. 物理模型

为简化电缆接头绝缘内部气隙放电过程计算,作出以下假设:

(1)目前的研究表明,电缆接头绝缘内部气隙放电微通道的直径大约为几微米到几十微米,远远小于电缆接头结构尺寸,对其进行几何建模时可用一维线模型进行等效处理。

(2)放电微通道在发展过程中具有复杂的分形几何行为特征,仅考虑放电微通道中的主放电通道,且等效成直线处理。

基于以上假设,以电缆接头制作过程中半导电屏蔽层切剥时刀口过深引入气隙为例,可得电缆接头内部绝缘气隙放电等效结构示意图如图 3-22 所示。其中,外加交流电压源 $V\sin(2\pi ft)$,气隙绝缘内部气隙长度为 d_g=1mm,内部绝缘长度为 d_s=4.3mm,电缆绝缘材料的相对介电常数为 2.3。

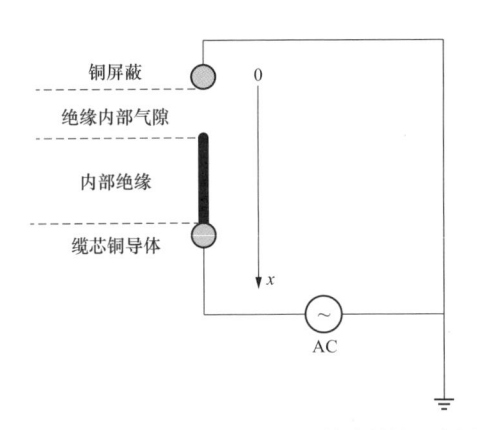

图 3-22 电缆接头内部气隙放电等效结构示意图

2. 控制方程

高压电缆接头绝缘内部气隙缺陷放电过程中,气体被电离,将产生电

子、正离子和负离子。根据电磁场原理，在气隙放电空间电场分布可通过求解泊松方程得到，具体方程如下

$$\nabla^2 \varphi = \frac{\rho}{\varepsilon_0 \varepsilon_r} = -\frac{e}{\varepsilon_0 \varepsilon_r}\left(\sum_p n_p - \sum_n n_n - n_e\right) \quad （3-15）$$

$$E = -\nabla \varphi \quad （3-16）$$

式中：φ 为电势，V；ε_0 为真空介电常数，F/m；ε_r 为相对介电常数；ρ 为电荷密度，C/m；n_p、n_n 和 n_e 分别为正离子数密度、负离子数密度和电子数密度，1/m^3；E 为电场强度，N/C。

在电缆接头固体绝缘介质中不存在空间电荷，则泊松方程可改写为拉普拉斯方程形式，即

$$\nabla^2 \varphi = 0 \quad （3-17）$$

而绝缘内部气隙放电通道的形成和发展过程中粒子的产生、消失以及运动可用连续性方程描述，包括电子运输方程、电子能量运输方程和重粒子运输方程。

（1）电子运输方程。放电气体中的电子主要由电离产生，在气体放电过程中有着举足轻重的地位。基于电子的产生和湮灭机理，可得电子的运输方程为

$$\begin{cases} \dfrac{\partial n_e}{\partial t} + \nabla \cdot \Gamma_e = R_e \\ \Gamma_e = -\nabla(D_e n_e) + \mu_e n_e \nabla \varphi \\ R_e = \sum_{j=1}^{M} x_j k_j N_n n_e \end{cases} \quad （3-18）$$

式中：n_e 为电子数密度，1/m^3；t 为时间，s；Γ_e 为电子通量，C；R_e 为电子产生和消失的反应源项，1/（m^3·t）；D_e 为电子的扩散系数，m^2/s；μ_e 为电子在电场中的迁移率，m^2（V·s）；φ 为空间电位，V；M 为电子产生或消失的化学反应类型数量；x_j 为化学反应 j 中目标产物的摩尔分数；k_j 为化学反应 j 的反应速率系数，1/s；N_n 为中性粒子的总密度，1/m^3。

40

（2）电子能量运输方程。与电子运输方程类似，从微观角度由Boltzmann方程可推导得到电子能量满足的方程如下

$$\begin{cases} \dfrac{\partial n_\varepsilon}{\partial t} + \nabla \cdot \vec{\Gamma}_\varepsilon + \vec{E} \cdot \vec{\Gamma}_e = R_\varepsilon \\ \Gamma_\varepsilon = -\nabla(D_\varepsilon n_\varepsilon) + \mu_\varepsilon n_\varepsilon \nabla \varphi \\ R_\varepsilon = \sum_{j=1}^{P} x_j k_j N_n n_e \Delta \varepsilon_j \end{cases} \quad (3-19)$$

式中：n_ε为电子能量密度，J/m³；t为时间，s；Γ_ε为电子能量通量，J/（m²·s）；E为空间电场，V/m；R_ε为电子碰撞引起的能量损失源项，J/（m³·s）；D_ε为电子能量扩散系数，m²/s；μ_ε为电子能量迁移率，m²（V·s）；P为电子非弹性碰撞的化学反应数量；$\Delta \varepsilon_j$为化学反应j的能量损失，J。

（3）重粒子运输方程。在电缆绝缘内部气隙放电中，除了电子之外，还有正离子、负离子等重粒子，其运动过程可用重粒子运输方程描述如下

$$\begin{cases} \rho \dfrac{\partial w_k}{\partial t} + \rho(\bar{u} \cdot \nabla) w_k = \nabla \cdot \vec{j}_k + R_k \\ \vec{j}_k = \rho w_k \vec{v}_k \end{cases} \quad (3-20)$$

式中：ρ为气体密度，kg/m³；w_k为第k种粒子的质量分数；u为质量平均的流体速度向量，m/s；j_k为第k种粒子的扩散质量通量向量，kg/（m²·s）；R_k为第k种粒子的反应源项，1/（m³·s）。

为了简化电缆接头绝缘内部气隙放电模型计算，作出以下基本假设：

（1）电缆接头绝缘局部放电气隙由人为施工切割不当引起的，内部气体为空气，仅考虑N_2和O_2成分，且体积比为4∶1。

（2）不考虑气隙放电过程中电缆绝缘介质分解气体成分对放电过程的影响。

基于以上基本假设，结合课题组前期对空气放电过程的研究，确定式（3-18）、~式（3-20）中的源项所涉及的化学反应如表3-4所示，化学

反应中考虑了e^-、N_2、O_2、O、O_3、O^-、N^{2+}、O^{2+}、O^{2-}、N^{4+}、O^{4+}、N_2O^{2+}等12种粒子。此外，当重粒子撞击气隙壁面时，形成二次电子发射，因此还须考虑相应的表面过程，如表3-5所示。

表3-4 放电过程中主要化学反应

序号	反应	速率常速	电离能（eV）
R1	$N_2 + e^- \rightarrow 2e^- + N^{2+}$	$f(\varepsilon)$、σ_m计算	15.6
R2	$O_2 + e^- \rightarrow 2e^- + O^{2+}$	$f(\varepsilon)$、σ_m计算	12.06
R3	$N_2 + e^- \rightarrow e^- + N_2$	$f(\varepsilon)$、σ_m计算	1.0
R4	$O_2 + e^- \rightarrow e^- + O_2$	$f(\varepsilon)$、σ_m计算	1.0
R5	$O_2 + e^- \rightarrow O + O^-$	$f(\varepsilon)$、σ_m计算	3.6
R6	$N^{2+} + N_2 + O_2 \rightarrow N^{4+} + O_2 + 2e^-$	5.0×10^{-41}	
R7	$N^{2+} + N_2 + N_2 \rightarrow N^{4+} + N_2 + 2e^-$	5.0×10^{-41}	
R8	$N^{4+} + O_2 + 2e^- \rightarrow O^{2+} + 2N_2$	2.5×10^{-16}	
R9	$N^{2+} + O_2 \rightarrow O^{2+} + N_2$	6.0×10^{-17}	
R10	$2N_2 + O^{2+} \rightarrow N_2O^{2+} + N_2$	9.0×10^{-43}	
R11	$N_2O^{2+} + N_2 \rightarrow O^{2+} + 2N_2$	4.3×10^{-16}	
R12	$N_2O^{2+} + O_2 \rightarrow O^{4+} + N_2 + 2e^-$	1.0×10^{-15}	
R13	$O^{2+} + 2O_2 \rightarrow O^{4+} + O_2 + 2e^-$	2.4×10^{-42}	
R14	$O^{2+} + O_2 + N_2 \rightarrow O^{4+} + N_2 + 2e^-$	2.4×10^{-42}	
R15	$O^{4+} + 4e^- \rightarrow 2O_2$	$1.4 \times 10^{-42}(300/T_e)^{0.5}$	
R16	$O^{2+} + 2e^- \rightarrow 2O$	$2.0 \times 10^{-13}(300/T_e)$	
R17	$2O_2 + 2e^- \rightarrow O_2 + O^{2-}$	$2.0 \times 10^{-41}(300/T_e)$	
R18	$O^{4+} + 2O^{2-} \rightarrow 3O_2$	1.0×10^{-13}	
R19	$2O^{4+} + 4O^{2-} + O_2 \rightarrow 3O_2 + O_2$	2.0×10^{-17}	
R20	$2O^{4+} + 4O^{2-} + N_2 \rightarrow 3O_2 + N_2$	2.0×10^{-17}	
R21	$2O^{2+} + 2O^{2-} + O_2 \rightarrow 2O_2 + O_2$	2.0×10^{-37}	
R22	$2O^{2+} + 2O^{2-} + N_2 \rightarrow 2O_2 + N_2$	2.0×10^{-37}	

续表

序号	反应	速率常速	电离能（eV）
R23	$O + O_2 + O_2 \rightarrow O_3 + O_2$	2.5×10^{-46}	
R24	$O + O_2 + N_2 \rightarrow O_3 + N_2$	2.5×10^{-46}	
R25	$e^- + N^{2+} + N^2 \rightarrow 2N^2$	$6.07 \times 10^{-34} T_e^{-2.5}$	
R26	$2e^- + N^{2+} \rightarrow N_2 + e^-$	$6.07 \times 10^{-34} T_e^{-0.8}$	
R27	$O^{2+} + O^- \rightarrow O + O_2$	3.46×10^{-12}	

注 T_e 为电子的温度，K。

表3-5 放电过程中表面化学反应

序号	反应	附着系数
R1	$N^{2+} \rightarrow N_2$	1
R2	$N^{4+} \rightarrow 2N_2$	1
R3	$O^{2+} \rightarrow O_2$	1
R4	$O^{4+} \rightarrow 2O_2$	1
R5	$O^{2-} \rightarrow O_2$	1
R6	$O^- \rightarrow 0.5O_2$	1
R7	$O \rightarrow 0.5O_2$	1

3. 边界条件

若要对式（3-15）~式（3-20）进行求解，也须给定相应的边界条件。对于研究的电缆绝缘内部气隙放电，其包含的具体边界条件设置：

（1）二次电子发射边界。绝缘内部气隙中电子由二次电子发射得到补充，可由电子通量和电子能量通量对此进行描述，即

$$\begin{cases} -\vec{n} \cdot \overline{\varGamma_e} = \left(\frac{1}{2}v_{e,th}n_e\right) - \sum_P \gamma_P \left(\overline{\varGamma_P} \cdot \vec{n}\right) \\ -\vec{n} \cdot \overline{\varGamma_\varepsilon} = \left(\frac{5}{6}v_{e,th}n_e\right) - \sum_P \varepsilon_P \gamma_P \left(\overline{\varGamma_P} \cdot \vec{n}\right) \end{cases} \quad (3-21)$$

式中：$v_{e,th}$ 为电子热速度，m/s；γ_P 为粒子 P 撞击壁面时的二次电子发射系数，金属表面取值为 0.1，绝缘介质表面为 0.01；Γ_P 为粒子 P 的离子通量，1/（m²·s）；ε_P 为粒子 P 撞击壁面时的二次发射电子的平均能量，本项目取值为 2.5eV。其中，$v_{e,th}$ 由下式定义

$$v_{e,th} = \sqrt{\frac{8k_b T_e}{\pi m_e}} \quad (3-22)$$

式中：k_b 为玻尔兹曼常数，J/K；T_e 为电子温度，K；m_e 为电子质量，kg。

（2）表面电荷累积边界。电荷在电缆绝缘介质表面累积，其边界条件为

$$\begin{cases} -(D_{1n} - D_{2n}) = \rho_{es} \\ \dfrac{d\rho_{es}}{dt} = J_{i.n} + J_{e.n} \end{cases} \quad (3-23)$$

式中：D_{1n} 和 D_{2n} 分别表示界面两侧电通量的法向分量，V·m；ρ_{es} 为界面上的电荷密度，C/m²；$J_{i,n}$ 和 $J_{e,n}$ 分别表示界面的离子流和电子流密度的法向分量，A/m²。

（3）外部电压与接地边界。绝缘内部气隙放电模型两端分别为电缆导体和金属屏蔽层，分别对应实时运行电压和地电位，即

$$\begin{cases} V_1 = V_p \sin(2ft) \\ V_2 = 0 \end{cases} \quad (3-24)$$

式中：V_p 为电缆金属导体上的电压峰值，V；f 为电压频率，Hz；t 为时间，s。

4. 数值求解方法

对式（3-15）~式（3-20）进行全耦合数值求解。其中，离散方式采用可实现误差预估与自动变步长的时间后向差分格式（BDE），并且选用适用于大量稀疏线性方程矩阵的 MUMPS 求解器进行求解。具体求解流程如图 3-23 所示。

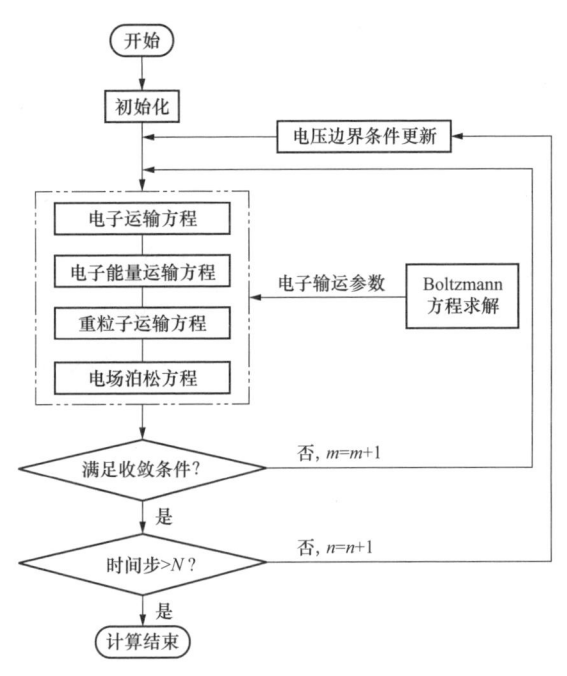

图 3-23 电缆接头绝缘内部气隙放电数值仿真模型求解流程图

(二) 热损耗计算结果

设定电缆接头绝缘内部气隙中初始电子密度 $n_{e,0}=10^{13}\text{m}^{-3}$，初始平均电子能 $\varepsilon_0=4\text{eV}$，气体压强为101.32kPa（760torr），计算得到电缆接头绝缘内部气隙放电过程中的电荷密度和电场强度的时空分布如图3-24所示。由图可以看出：由于阴极表面鞘层区域碰撞电离产生的电子在电场的作用下向阳极移动，使得电子密度在空间上的分布表现为在临时阳极表面聚集，且气隙内部电场的分布与空间电荷分布具有一致性。

根据计算得到的绝缘内部气隙放电过程中的带电粒子（电子、正离子和负离子）数密度的时空分布和气隙内部电场强度的时空分布，可进一步计算得到气隙放电电压、电流等参数。图3-25给出了电缆接头绝缘内部气隙放电过程中一个周期内（0.02~0.04s）的放电电流、气隙电压和放电功率损耗密度随时间的变化曲线。

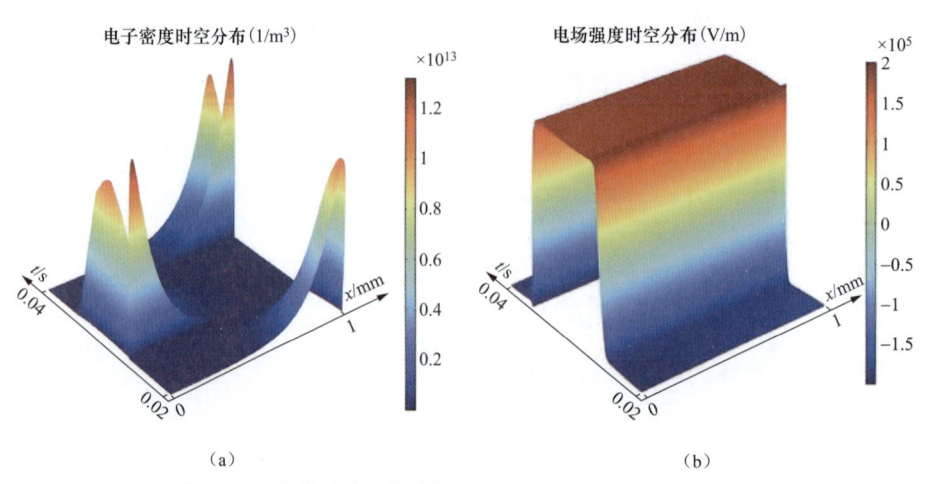

图 3-24 电缆接头绝缘内部气隙放电过程的时空演变特性
（a）电子密度分布；（b）电场强度分布

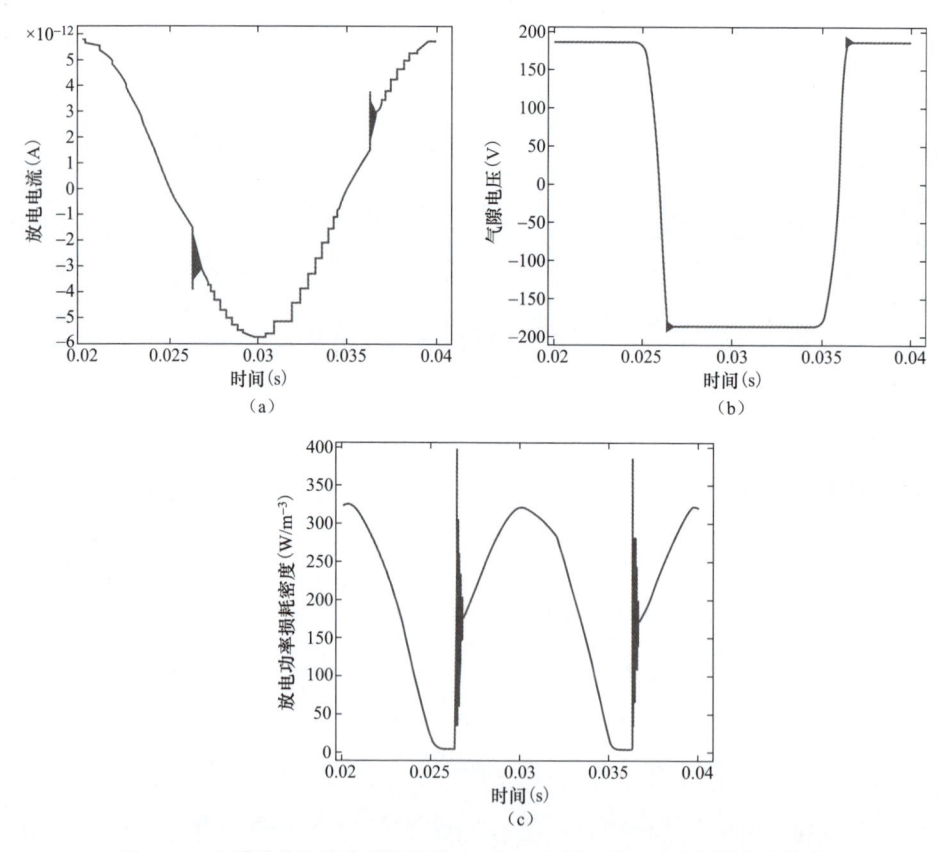

图 3-25 电缆接头绝缘内部气隙放电电流、电压和放电功率损耗密度波形
（a）放电电流；（b）气隙电压；（c）放电功率损耗密度

由图3-25可以看出，与外部施加的电压$V_p\sin(2\cdot\pi\cdot50\cdot t)$曲线相比，它们的峰值在时间上相差0.005s，也即绝缘内部气隙放电电流波形与外部施加电压波形相差$\pi/2$的相位，表明该气隙放电为容性放电。按式（3-25）求取图3-25（c）中所示的单个周期内放电功率损耗密度平均幅值（q_v）$_{avg}$，结果为197.23W/m³。

$$(q_v)_{avg} = \frac{1}{T}\int_{t_0}^{t_0+T} q_v(t)\,dt \qquad (3-25)$$

（三）热特性分析

电缆接头绝缘在内部气隙放电长期作用下将发生绝缘劣化，降低电缆绝缘使用寿命。为了研究绝缘内部气隙放电产生的热损耗产生的温升效应，将以上计算得到的电缆绝缘内部气隙放电热损耗值作为热源，模拟电缆接头绝缘内部气隙处的热效应。保持电缆缆芯的负荷电流645A和导体连接处接触系数$k=5$不变，计算得到绝缘内部气隙长度分别为1、2、3、4、5mm时绝缘内部气隙所在端面处的温度如表3-6所示。

表3-6 仿真计算得到温度数据

气隙长度（mm）	1	2	3	4	5
温度（℃）	49.44201	49.50752	49.50548	49.50314	49.50141

由表3-6可以看出：绝缘内部气隙放电缺陷下的宏观温升效应几乎可以忽略，此时电缆内部气隙端部的温度约为49.5℃。这是因为绝缘内部气隙缺陷下的放电属于弱电离的冷等离子体放电，放电粒子数密度较低，且电子和重粒子的温度差距较大（电子温度可达到10^4℃以上，而重粒子一般为环境温度）。因此，电缆接头绝缘内部气隙放电在

宏观上不表现出温度升高效应，也说明了电缆绝缘内部气隙放电下的老化过程主要是电老化过程，即表现为微观上带电粒子轰击作用下发生化学键断裂，引起绝缘表面宏观腐蚀、绝缘气隙放电通道长度的进一步发展。

三、电缆皱纹铝护套烧灼缺陷

高压电缆金属护套多采用皱纹铝护套结构，其中110kV电压等级电缆多采用纵包氩弧焊波纹铝管。近年来，国内由于电缆皱纹铝护套烧蚀引发本体故障的案例显著增多，但目前尚无有效的运行电缆皱纹铝护套缺陷检测及状态评估手段。总体来看，金属皱纹铝护套的放电烧蚀故障原因归纳如表3-7所示。

表3-7　皱纹铝护套烧蚀故障原因

序号	故障原因	故障特点
1	电缆长期运行后护套松动，与阻水带的空气间隙增大，接触电阻增大，场强增大，气隙被击穿	圆周型间隙
2	半导电层电阻大，部分接触不良导致接触电阻大，电容电流集中，烧蚀	局部接触不良
3	吸水受潮致使电化学腐蚀	大量白色或黄色粉末析出、护套和阻水带有腐蚀痕迹
4	局部高温，加剧腐蚀	低负载、较少的供电回路切换、操作过电压

皱纹铝护套放电烧蚀会对电缆本体运行产生较大影响，一方面皱纹铝护套放电烧蚀后其物理结构和化学性质会发生较大改变，烧蚀处的形貌如图3-26所示，该变化会导致皱纹铝护套无法充分发挥阻水、机械保护功能；另一方面，皱纹铝护套放电烧蚀会对阻水缓冲带产生较大影响，由于

皱纹铝护套自身波纹式物理结构，当皱纹铝护套波谷与阻水带构成典型的棒板电极放电，放电过程中粒子碰撞产生的巨大热量会对阻水缓冲带造成热烧蚀，并危及主绝缘。

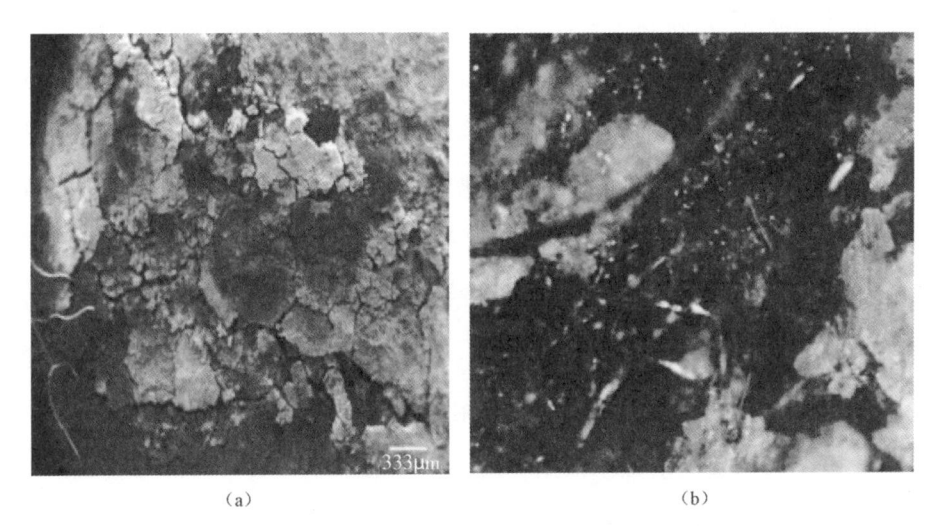

(a)　　　　　　　　　　　　(b)

图 3-26　高压电缆皱纹铝护套烧蚀处形貌
（a）扫描电子显微镜下；（b）光学显微镜下

（一）计算模型

1. 物理模型

以 YJLW03+02-64/110kV-1000mm² 型 XLPE 绝缘皱纹铝管高压电缆为例，由于皱纹铝护套的存在，电缆的径向截面稍有不同，主要表现为皱纹铝管与阻水缓冲带之间的气隙距离，如图 3-27（a）所示。在建立高压电缆径向模型时忽略皱纹铝管螺纹状的螺旋角，将其简化为皱纹铝护套，径向模型网格划分如图 3-27（b）所示。由于皱纹铝管接地点电势为零，且研究对象为电缆皱纹铝管和半导电层之间的皱纹铝护套的故障机理，为简化模型，本节忽略电缆外护套结构。

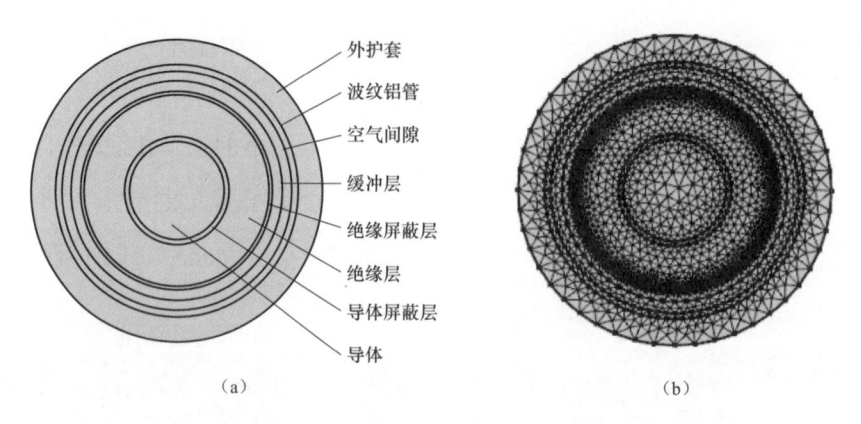

图3-27 110kV高压电缆径向物理模型
（a）径向模型示意图（波峰处）；（b）径向模型网格剖分

2. 边界条件

实际运行中高压电缆缆芯电位为高电位，当采取交叉互联的接地方式时皱纹铝管接地，边界条件为

$$\varphi|_{CO} = V_p \quad (3-26)$$

$$\varphi|_{AS} = 0 \quad (3-27)$$

磁矢位在缆芯外迅速减小至0，即外边界条件为

$$A|_{out} = 0 \quad (3-28)$$

3. 控制方程

单芯交流高压电缆绝缘层的电场分布由绝缘材料的介电常数决定，场强与介电常数呈负相关。正常工作情况下，温度和场强的变化有限，绝缘材料的介电常数随之变化较小，可忽略，进而通过高斯定理可得电缆内部电场分布为

$$E = \frac{U_0}{r \ln \frac{R}{r_c}} \quad (3\text{--}29)$$

式中：U_0 为相电压，V；r_c 为绝缘屏蔽层外径，m；R 为绝缘层外径，m。

由于静电场仅考虑物质的介电常数，准静电场需考虑物质的介电常数和电导率，而电缆的阻水缓冲层以及内外屏蔽层均为半导电材料，故本项目采取准静电场进行研究，其约束方程为

$$\nabla J = Q_j \quad (3\text{--}30)$$

$$J = (\sigma + j\omega\xi_0\xi_r)E + J_e \quad (3\text{--}31)$$

$$E = -\nabla V \quad (3\text{--}32)$$

式中：∇ 为矢量微分算子；J 为电流密度，A/m²；σ 为材料导电率，S/m；ω 为角频率，rad/s；ξ_0 为真空电容率，F/m；ξ_r 为相对介电常数；J_e 为附加电流密度，A/m²；E 为电场强度，V/m；V 为电势，V。需要注意的是仅当电场为无旋场，才能通过电势梯度定义电场，即排除磁矢势 A 的作用。

（二）计算结果

1. 皱纹铝护套与阻水带之间气体放电的等离子体物理模型

当电晕发生后，皱纹铝护套波谷处产生等离子体以及带电粒子，他们的存在使得气隙内部电场分布与原外电场分布有很大区别。本节将漂移扩散方程、静电方程以及玻尔兹曼方程耦合求解。由于等离子体发展过程极为复杂，涉及多种粒子的物理化学反应，若用110kV交流电缆的径向模型进行仿真则计算量过大，计算效率大幅降低。故本节将皱纹铝护套和阻水带之间的气体放电模型简化为棒板电极放电模型进行等离子体的仿真研究。

对于电子密度和平均电子能量，忽略由流体移动引起的电子对流的影响，可以通过求解两个漂移-扩散方程得到。电子密度方程为

$$\begin{cases} \dfrac{\partial n_e}{\partial t} + \nabla \cdot \varGamma_e = R_e \\ \varGamma_e = -(\mu_e"\dot{E})n_e - \nabla(\dot{D}_e n_e) \end{cases} \quad (3\text{-}33)$$

式中：n_e 为电子数密度，$1/m^3$；$\varGamma_e$ 为电子通量，A/m^2；R_e 为电子源项，$1/(m^3 \cdot s)$；μ_e 为电子迁移率，$m^2/(V \cdot s)$；E 为电场，V/m；D_e 为电子扩散率，m^2/s。

电子能量方程为

$$\begin{cases} \dfrac{\partial n_\varepsilon}{\partial t} + \nabla \varGamma_\varepsilon + E \cdot \varGamma_e = R_\varepsilon \\ \varGamma_\varepsilon = -(\mu_\varepsilon \cdot E)n_\varepsilon - \nabla(D_\varepsilon n_\varepsilon) \end{cases} \quad (3\text{-}34)$$

式中：n_ε 为电子能量密度，J/m^3；$\varGamma_\varepsilon$ 为电子能量通量，W/m^2；R_ε 为非弹性碰撞能量损耗，$J/(m^3 \cdot s)$；μ_ε 为电子能量迁移率，$m^2/(V \cdot s)$；E 为电场，V/m；D_ε 为电子能量扩散率，m^2/s。

平均电子能量 $\bar{\varepsilon}$ 可由电子能量密度和电子密度计算得到

$$\bar{\varepsilon} = \frac{n_\varepsilon}{n_e} \quad (3\text{-}35)$$

电子能量损耗可由所有反应的碰撞能量损耗求和得到

$$R_\varepsilon = \sum_{j=1}^{p} x_j k_j n_n n_e \Delta \varepsilon_j \quad (3\text{-}36)$$

2. 皱纹铝护套与阻水带之间气体放电的等离子体边界条件

电子能量通量的边界公式如下

$$-n\varGamma_\varepsilon = \left(\frac{5}{6} v_{e,th} n_\varepsilon\right) - \sum_P \varepsilon_P \gamma_P (\varGamma_P n) \quad (3\text{-}37)$$

式中：ε_P 为粒子P撞击壁面后二次发射的电子平均能量，T。

根据目前对空气放电的光谱研究结果，等离子体中的主要激发物种为氮的正二系分子和离子、氧的正二系分子和离子、氮原子和氧原子，因此本节中将条件简化，设定空气的成分为体积比4∶1的 N_2 和 O_2 混合，根据现有研究可知各项反应中的粒子主要包括十种,即 N_2、O_2、N_2^+、O_2^+、O_2^-、O^-、O^+、O、O_3 以及电子,本节将其中复杂的化学反应进行了简化,保留一些主要反应。放电中的化学反应如表3-8所示。

表3-8 放电过程中的化学反应式

反应 j	反应方程	反应速率(m^3/s 或 m^6/s)
1	$e^-+N_2 \rightarrow e+N_2$	Maxwellian EEDF(电子能量分布函数)计算
2	$e^-+N_2 \rightarrow e+e+N_2^+$	Maxwellian EEDF 计算
3	$e^-+O_2 \rightarrow e+O_2$	Maxwellian EEDF 计算
4	$e^-+O_2 \rightarrow O+O^-$	Maxwellian EEDF 计算
5	$e^-+O_2 \rightarrow e+O+O$	Maxwellian EEDF 计算
6	$e^-+O_2 \rightarrow e+e+O_2^+$	Maxwellian EEDF 计算
7	$e^-+O_2 \rightarrow e+e+O+O^+$	Maxwellian EEDF 计算
8	$e^-+O_2^+ \rightarrow O+O$	$6 \times 10^{-11}/T_e$
9	$e^-+O_2+O_2 \rightarrow O_2^-+O_2$	4×10^{-43}
10	$e^-+O_2+N_2 \rightarrow O_2^-+N_2$	4×10^{-43}
11	$O_2+N_2^+ \rightarrow O_2^++N_2$	$6 \times 10^{-17} \times (300/T_g)^{0.5}$
12	$O_2^-+O_2^+ \rightarrow O_2+O_2$	$2 \times 10^{-13} \times (300/T_g)^{0.5}$
13	$O^-+O_2^+ \rightarrow O+O_2$	$2 \times 10^{-13} \times (300/T_g)^{0.5}$
14	$O_2^-+N_2^+ \rightarrow O_2+N_2$	$2 \times 10^{-13} \times (300/T_g)^{0.5}$
15	$O_2^-+O^+ \rightarrow O+O_2$	$2 \times 10^{-13} \times (300/T_g)^{0.5}$
16	$O^-+N_2^+ \rightarrow O+N_2$	$2 \times 10^{-13} \times (300/T_g)^{0.5}$
17	$O^-+O^+ \rightarrow O+O$	$2 \times 10^{-13} \times (300/T_g)^{0.5}$
18	$O^-+O \rightarrow O_2+e^-$	5×10^{-16}
19	$O_2^-+O \rightarrow O_2+O^-$	3.3×10^{-16}
20	$O_2^-+O_2^+ \rightarrow O_2+2O$	1×10^{-13}
21	$O^-+O_2 \rightarrow O_3+e^-$	5×10^{-21}
22	$O_3+e^- \rightarrow O^-+O_2$	1×10^{-17}
23	$O_2^-+O \rightarrow O_3+e^-$	1.5×10^{-16}
24	$O_3+e^- \rightarrow O_2^-+O$	1×10^{-15}

注 T_g 为气体温度,T_e 为电子温度,单位为 K,其中三体反应的速率单位为 m^6/s,二体反应的速率单位为 m^3/s。

表面反应在等离子体仿真中至关重要，为简化模型提高计算效率，假设带电粒子在达到电极后恢复为稳态，表面反应的方程如表3-9所示。

表3-9　表面反应

反应 j	反应方程	附着系数
1	$N_2^+ \rightarrow N_2 + e^-$	1
2	$O \rightarrow 0.5O_2$	1
3	$O_2^+ \rightarrow O_2 + e^-$	1
4	$O_2^- \rightarrow O_2 + e^-$	1
5	$O^- \rightarrow 0.5O_2 + e^-$	1
6	$O^+ + e^- \rightarrow 0.5O_2$	1

3. 气隙放电初期等离子体发展分析

图3-28为气体开始放电后1ms时的带电粒子分布情况，气体发生放电后产生大量带电粒子。其中正电荷主要集中于棒电极附近，间隙内带电粒子数随着与棒电极间的距离增加先增大再减小。其原因是气隙电场极不均匀，板电极即阻水缓冲带附近的场强不足以使中性分子电离产生电子崩。棒电极附近场强畸变严重，气体率先电离产生大量带电粒子形成电子崩。电子崩的产生导致空间电荷积累也会使得棒电极附近的电场畸变得更加严重。电子从棒电极附近的强场区向弱场区不断运动且迁移速度非常快，当到达板电极附近后场强降至电离的临界值以下电子崩的发展将会停止，由于此时电子的运动速度变慢，容易被间隙中氧分子等具备电负性的粒子吸附进而变成负离子。此外，由于正离子运动速度缓慢大量聚集于棒电极附近。

由图3-29可以看出在放电发展前期电流密度较小并比较稳定，该过程为电晕放电。随后电流密度出现小幅波动，意味着从电晕放电发展到流注放电。电流的传导过程主要依赖于正、负离子的迁移。可以看出在放电

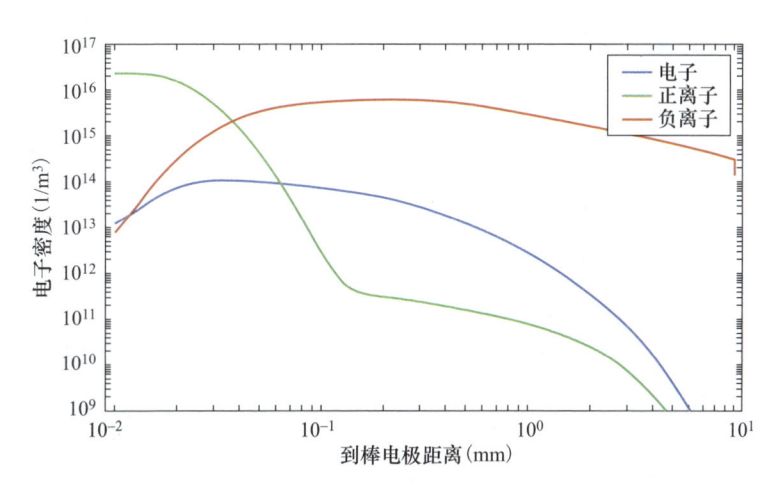

图 3-28　气体开始放电后 1ms 时的带电粒子分布情况

前期气体尚未击穿电流值较小且集中于棒电极。因此，可以确定电晕放电以及流注放电阶段对阻水缓冲带的影响可忽略。同时由于电流密度较小不会造成皱纹铝管的严重烧蚀。

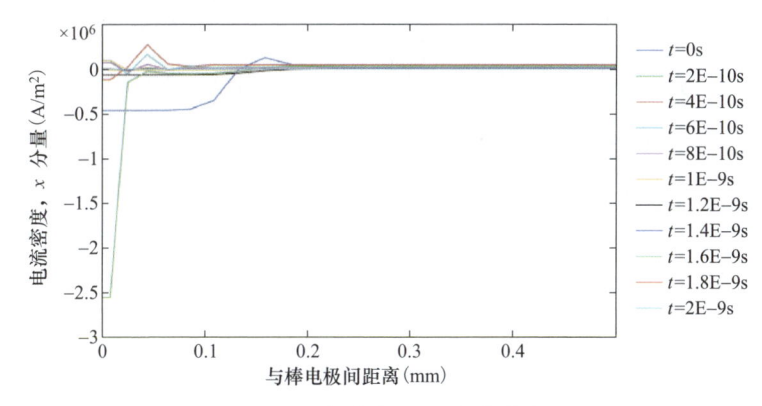

图 3-29　气隙放电电流变化曲线
注：E 表示科学记数法，例如 $t=2E-10s=2\times10^{-10}s$。

图 3-30 展示了气隙开始放电后不同时刻电场强度的分布情况，开始电子崩的产生使得空间电荷大量积累加剧了电场畸变，但随着放电的发展正离子和负离子在两电极表面不断累积形成了反向电场，削弱间隙内的电场，使得空间电离能力进一步减弱。同时由于带电粒子的产生气隙电导率

大大增加，电场强度明显下降至 2.7kV/mm 左右，低于空气的标准击穿场强，故放电难以维持，气体会逐渐恢复绝缘性质。

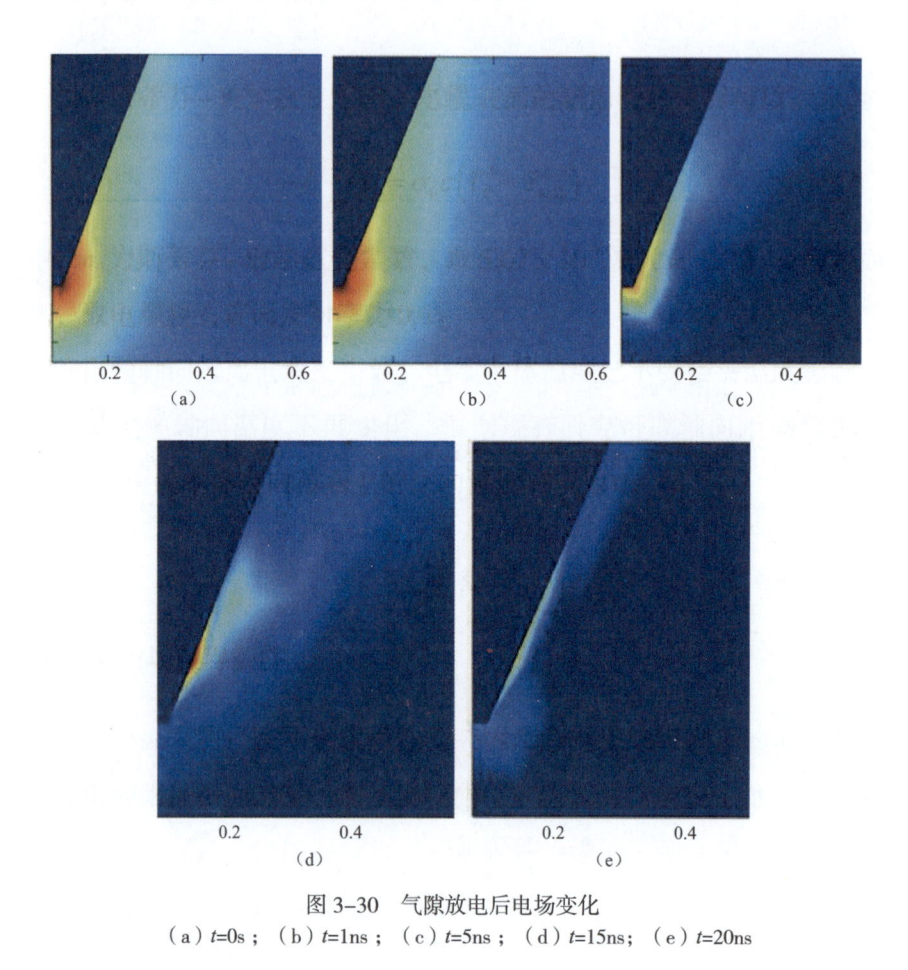

图 3-30　气隙放电后电场变化
（a）t=0s；（b）t=1ns；（c）t=5ns；（d）t=15ns；（e）t=20ns

（三）多物理场特性分析

1. 工作状态温度场分布

当电缆处于正常工作状态下，负荷电流的有效值为600A时，温度分布如图3-31所示。从电缆的径向温度分布可以看出，缆芯温度在58.08℃，XLPE绝缘的温度由内到外从56.87℃降至53.26℃。温度梯度为3.5℃，故正常状态下可以忽略温度梯度引起绝缘材料电导率的非线性变化进而导致的电场畸变。

皱纹铝护套的温度在39.8℃左右，皱纹铝护套内表面波峰波谷处差异不大，约为0.01℃，故可以忽略。可以注意到，从半导电阻水缓冲层到皱纹铝护套波谷处的温度变化较快，温度梯度大，在4mm阻水缓冲带的厚度内温度从53.26℃降至40.41℃。在缓冲带与波峰之间因为存在空气隙，温度变化较为缓慢。缓冲带上的温度变化为53.26℃到48.24℃，在空气隙内温度从48.24℃降至40℃承受较大的温度梯度。

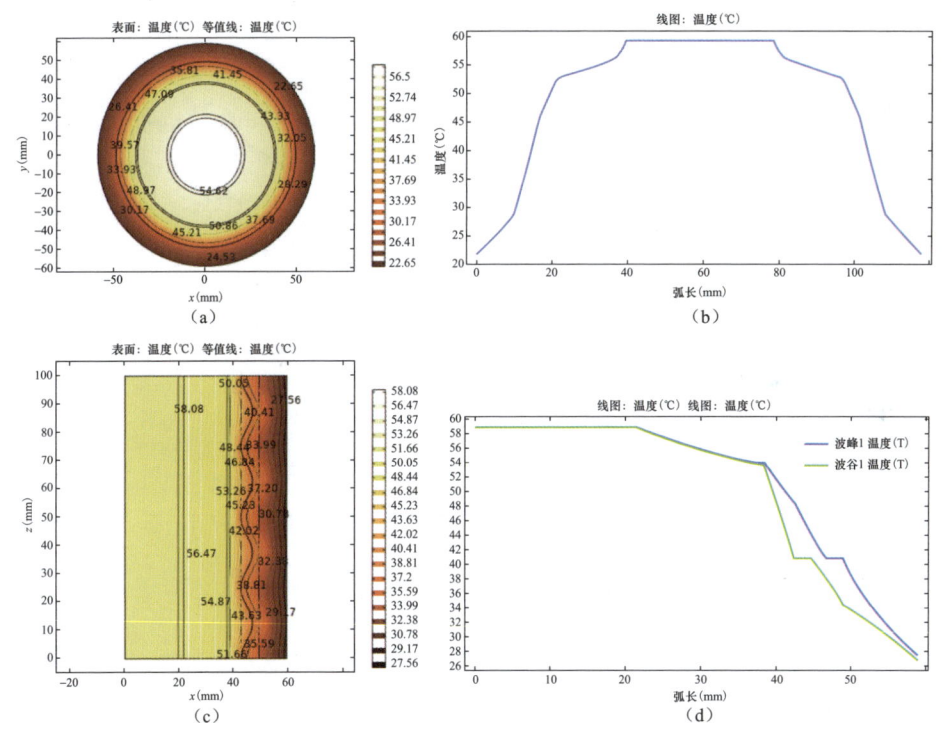

图 3-31 电缆正常工况下温度分布情况
（a）电缆径向温度分布云图；（b）电缆径向温度变化；（c）电缆轴向温度分布；
（d）电缆沿波峰（谷）截线温度变化曲线

2. 气隙厚度对电缆温度场分布的影响

当电缆由于受热膨胀以及机械外力等因素的作用可能会发生皱纹铝

护套松动，造成皱纹铝护套与阻水带之间存在空气间隙，该间隙会导致皱纹铝护套与阻水带的等电位连接遭到破坏。此外，空气隙的存在还会使得缆芯的温度升高。其原因在于封闭状态下空气的热导率为0.023W/（m·K）远小于皱纹铝管202.4W/（m·K），空气隙的存在影响了电缆的散热情况进而导致缆芯温度的上升。

下面模拟了负荷电流为600A时不同厚度空气间隙对电缆芯温度变化的影响。从图3-32可以看出，随着气隙厚度的增加缆芯的温度不断增加，1mm的气隙会导致缆芯温度上升2.33℃。

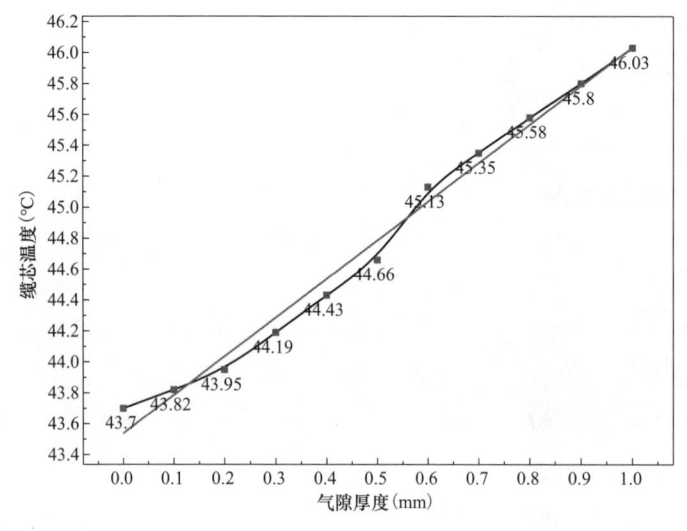

图3-32 缆芯温度随气隙厚度变化的情况

通过改变负荷电流大小，我们可以看出随着负荷的增加缆芯温度不断升高，并且气隙对缆芯温度的影响也越加明显。如图3-33所示，在负荷电流为400A时1mm气隙导致缆芯温度升高1.55s，增长率为4.30%；而在负荷电流为800A时缆芯温度升高6.17℃，增长率为7.75%。此外，电缆的载流量由温度决定，所以气隙对缆芯温度的影响会降低电缆载流量。通过仿真计算可知当皱纹铝护套与阻水带之间存在1mm气隙时，电缆的载流量从850A降至807A，减幅43A。

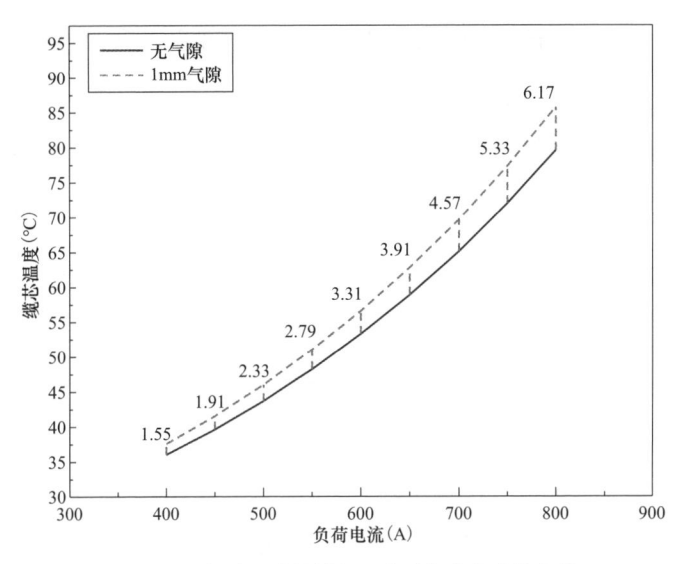

图 3-33 气隙导致的缆芯温升随负荷电流的变化

3. 气隙放电后对电缆温度场分布的影响

单次放电的时间尺度为纳秒到微秒级而热传导的时间为毫秒到秒级，两者相差的数量级很大，因而可忽略热对流和热辐射对气隙放电所产热量的影响。气隙放电时由于电子崩的产生，正负离子增多，气隙的导电性能变强电导率会随着放电的发展逐渐提高。

在放电过程中气隙电场随着气隙电导率的增大不断减小直至小于击穿电场阈值，其他结构内场强无变化。其原因是当气隙电场畸变到击穿场强以上时产生放电脉冲，由于短气隙内积聚电荷，形成反向电场，进而导致场强下降，放电发展受到抑制。当电场强度再次超越击穿场强时，才能再次形成电子崩。

根据放电发展规律推测电缆皱纹铝护套附近的气隙放电的发展可分以下三个阶段：第一，起始阶段，在皱纹铝护套尖端、白色粉末附近场强畸变最严重，空气会以电晕放电的形式开始；第二，发展阶段，电晕放电发展为电弧放电能量高度集中不仅会烧蚀皱纹铝管内表面还会造成热冲击导致气隙增大；第三，击穿阶段，皱纹铝护套感应电压足够高时空气发生闪络击穿，此时在白色粉末表面上方会形成一条明亮、灼热的等离子体放电通道。

这整个放电形成发展过程非常复杂，是电磁场、温度场、流场等多个物理场相互耦合作用的过程，难以采用实际测量等方法进行相关的研究和分析。目前，大多数文献采用数值计算方法对电弧进行分析研究，这为研究电弧热效应提供理论基础和可行方案。为研究皱纹铝管与阻水带之间短间隙内电弧的热效应，本节在已取得广泛引用的磁流体动力学（MHD）模型基础上对放电时皱纹铝护套的热场分布进行仿真。

气体放电击穿后通道内电弧等离子体通道可以视为椭圆形，本节设置电弧放电的等效热源尺寸为长轴0.5mm短轴0.15mm。电弧的电导率可通过其状态参数包括温度和压强来确定，变化曲线如图3-34所示。可以看出电弧电导率在前0.04s内随时间不断增加，在0.1s以后平均值达到稳态13000S/m，因此气体击穿后可视为导电流体。

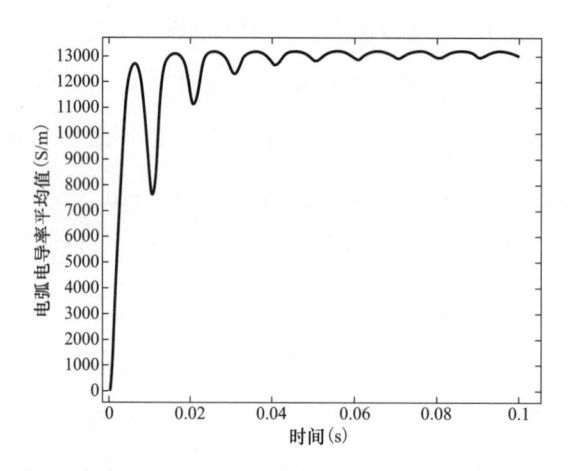

图3-34 皱纹铝护套与缓冲层间气体绝缘击穿电弧电导率平均值时变化曲线

由于气体在发生电弧放电时，由于粒子碰撞和摩擦产生大量热量会导致极大的温升。此时除了考虑电导率受温度的影响外，空气的其他物性参数包括密度、定压比热容和热导率都会随温度的变化而改变。温度与气体上述参数的关系如图3-35所示。

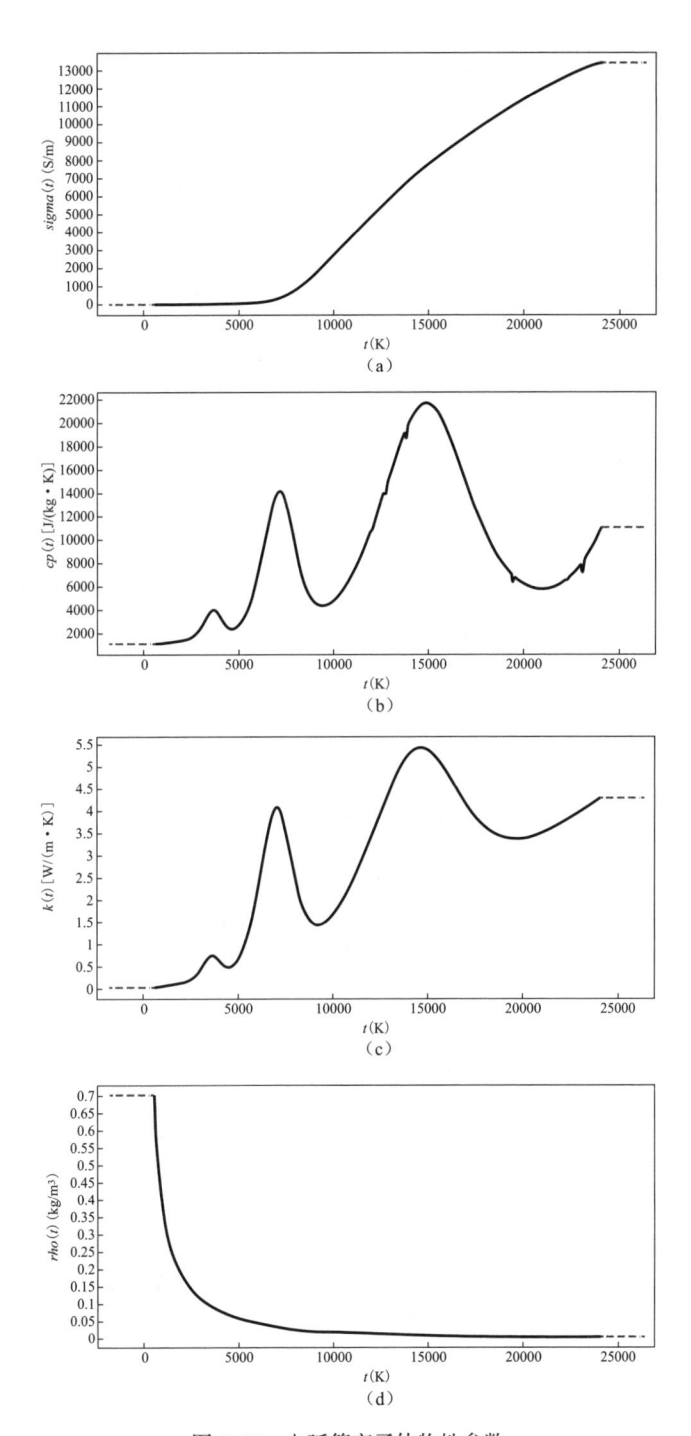

图 3-35　电弧等离子体物性参数
(a) 电导率；(b) 定压比热容；(c) 热导率；(d) 密度

由电磁场能量密度表达式，可通过式（3-38）计算气体放电通道内的等效热损耗为 $4.78 \times 10^9 \text{W/m}^3$。

$$Q_V = \frac{J^2}{\sigma_{arc}} = \frac{(I/S)^2}{\sigma_{arc}} \tag{3-38}$$

式中：J 为电弧通道内电流密度；I 为电弧电流；S 为电弧击穿通道截面积；σ_{arc} 为电弧电导率。

图 3-36 为利用等效热源模拟气隙放电后在电弧产生热量下不同时刻的温度分布情况，可以看出在等效热源的作用下电缆皱纹铝护套与阻水缓冲层间的气隙被不断加热，并且热量沿轴向扩散得更加迅速。电弧放电的前 3ms 内变化迅速热量集中气隙温度最高达 3524K；在 3ms 到 0.2s 内电弧放电的等效热源不断向外传递热量加热周围空气；从 0.2s 到 0.1s 放电结束，热量不断扩散，阻水缓冲层外侧以及皱纹铝管内侧的温度也有了明显

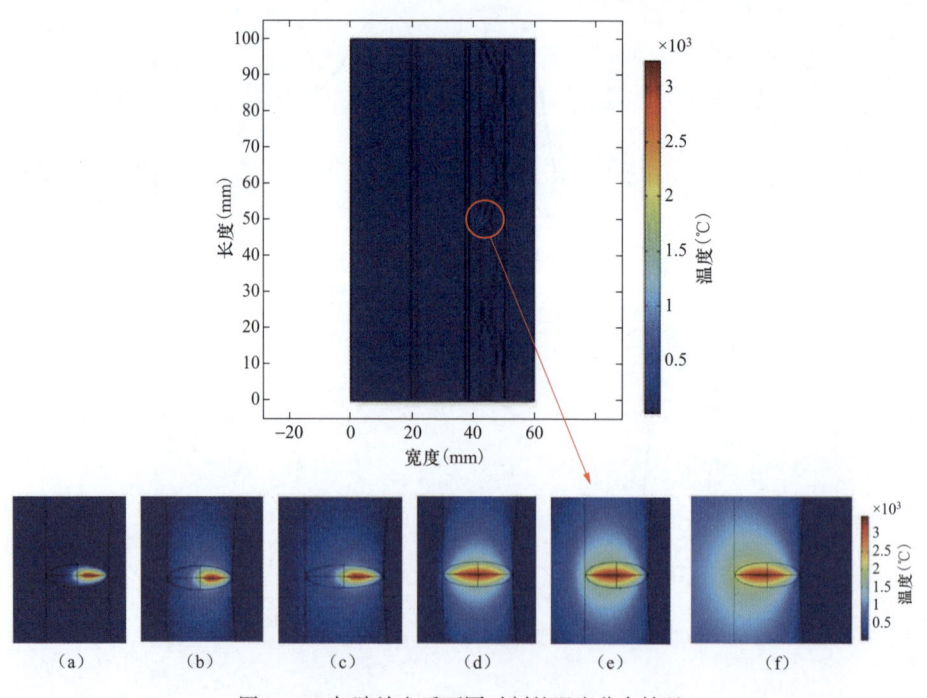

图 3-36 气隙放电后不同时刻的温度分布情况
（a）t=1ms；（b）t=2ms；（c）t=3ms；（d）t=20ms；（e）t=50ms；（f）t=0.1s

的提高，对阻水缓冲带的影响尤为明显，提高约470K。

电弧放电会导致阻水带外侧由于局部过热和高温被烧蚀产生白色斑点状蚀痕，当放电多次反复发生会导致阻水缓冲带被烧穿进而导致绝缘屏蔽层甚至XLPE绝缘层的烧蚀，在工程实际中已经发现较多上述情况如图3-37所示。此外阻水带内的阻水粉受热膨胀会加速析出，这与实际工程中电缆阻水缓冲带上有白色粉末的情况相吻合。XLPE绝缘层的温度涨幅较小且缆芯温度未受到明显影响，因而短时间的气隙放电对电缆主绝缘的老化程度以及载流量的影响可以忽略。

(a)

(b)

图3-37 阻水缓冲带和皱纹铝管之间气隙严重放电后对绝缘屏蔽层的烧蚀
(a) 绝缘屏蔽层上的严重放电痕迹；(b) 绝缘屏蔽和半导电阻水缓冲带上的蚀痕

气隙放电对电缆温度分布的宏观影响可以忽略，其原因是皱纹铝护套与阻水带之间的气隙放电属于弱电离的冷等离子体放电，放电粒子数密度较低，且电子和重粒子的温度差别较大（电子温度可达到10^4℃以上，而重粒子一般为环境温度）。但由于该放电过程的发生会造成阻水带以及皱纹铝管的局部温升而进一步导致阻水粉的析出，同时也会加剧电缆皱纹铝管的电-化学老化过程，局部高温使得粒子运动碰撞的速度加快、化学键断裂增加，皱纹铝管内表面锈蚀加重。

第四章 多状态下的高压电缆载流能力分析

第一节 高压电缆状态评估方法

高压电缆在内部缺陷长期作用下往往伴随着热-力特性的变化，最终可能发生热击穿、电击穿、烧毁甚至是爆炸事故。因此，寻求一种对电缆及接头缺陷的状态评估方法，实现对内部缺陷的提前诊断，对提高电缆的安全可靠运行具有重要意义。针对以上问题，本章根据计算得到的电缆正常运行下的多物理场分析，提出采用负荷电流和环境温度评估运行状态的方法；根据计算得到的内部缺陷下电缆接头的热特性分布规律，提出了采用温度以及温度梯度评估电缆接头内部缺陷状态评估方法。

一、正常运行状态下的状态评估

电缆在正常运行状态下时，通过第二章的计算，应表现为电缆表面温度、缆芯温度同电缆负荷、环境温度直接具有良好的二次函数拟合关系。因此，对电缆正常情况下的状态评估可以转化为以电缆负荷与环境温度为自变量求表面温度或缆芯温度的函数计算方法。项目以空气敷设情况为例，分别对它们进行分析。

负荷电流I和环境温度T_{amb}会对电缆缆芯温度T_c及表面温度T_f产生较大的影响，项目对负荷电流从800A到2000A，环境温度从0℃到40℃进行参数化扫描求解，得到如表4-1和表4-2所示的大量的电缆温度数据，并将它们以二维云图的形式进行绘制。

表4-1　仿真计算得到的(I, T_{amb}, T_c)数据

缆芯温度T_c (℃)		负荷电流I（A）							
		800	1000	1200	1400	1600	1800	1978	2000
温度T_{amb} (℃)	0	8.8478	13.647	19.496	26.435	34.517	43.813	53.178	54.411
	5	13.826	18.626	24.478	31.424	39.520	48.836	58.226	59.462
	10	18.805	23.606	29.464	36.422	44.533	53.870	63.282	64.521
	15	23.782	28.584	34.448	41.414	49.540	58.896	68.329	69.571
	20	28.760	33.561	39.429	46.404	54.543	63.916	73.370	74.615
	25	33.737	38.538	44.409	51.392	59.542	68.933	78.406	79.653
	30	38.715	43.514	49.388	56.378	64.540	73.946	83.437	84.687
	35	43.692	48.491	54.367	61.363	69.535	78.956	88.465	89.717
	36	45.185	49.982	55.858	62.855	71.030	80.456	89.969	91.222
	40	48.670	53.467	59.345	66.346	74.528	83.963	93.489	94.743

表4-2　仿真计算得到的(I, T_{amb}, T_f)数据

表面温度T_f (℃)		负荷电流I（A）							
		800	1000	1200	1400	1600	1800	1978	2000
温度T_{amb} (℃)	0	3.8529	5.7609	7.9975	10.555	13.431	16.628	19.748	20.152
	5	8.7784	10.657	12.861	15.384	18.225	21.386	24.474	24.874
	10	13.704	15.554	17.729	20.222	23.030	26.156	29.212	29.608
	15	18.629	20.451	22.595	25.055	27.829	30.920	33.943	34.335
	20	23.554	25.347	27.460	29.886	32.625	35.679	38.668	39.055
	25	28.479	30.242	32.323	34.716	37.418	40.434	43.388	43.771
	30	33.404	35.138	37.186	39.544	42.210	45.187	48.104	48.482
	35	38.330	40.033	42.049	44.371	47.000	49.937	52.817	53.191
	36	39.807	41.500	43.506	45.817	48.434	51.359	54.227	54.599
	40	43.257	44.929	46.911	49.197	51.787	54.685	57.527	57.895

利用函数拟合的方法得到如图 4-1 的电缆表面及缆芯的温度变化规律，函数表达式如表 4-3 所示。

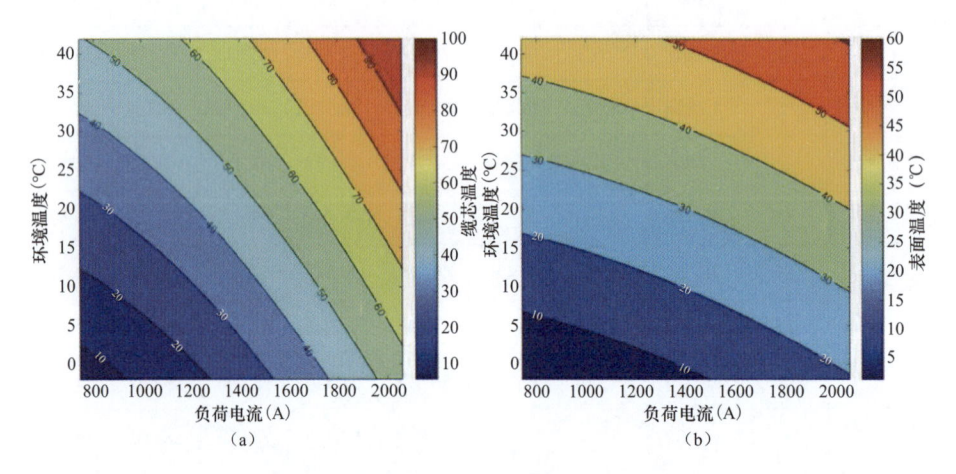

图 4-1　不同负荷电流 I 和环境温度 T_{amb} 下云图
（a）电缆缆芯温度 T_c；（b）电缆表面温度 T_f

表 4-3　电缆正常运行状态下的温度数值拟合曲线

名称	表达式	均方差	系数
电缆导体温度拟合	$T_c = 2.195 - 3.322 \times 10^{-3} \times I + 0.9856 \times T_{amb} + 1.471 \times 10^{-5} \times I^2 + 1.151 \times 10^{-5} \times I \times T_{amb} - 4.475 \times 10^{-5} \times T_{amb}^2$	0.106	1
电缆表面温度拟合	$T_f = -0.7959 + 2.612 \times 10^{-3} \times I + 1.016 \times T_{amb} + 3.929 \times 10^{-6} \times I^2 - 3.517 \times 10^{-5} \times I \times T_{amb} - 4.473 \times 10^{-5} \times T_{amb}^2$	0.07688	1

电缆缆芯温度 T_c 和电缆表面温度 T_f 分别与负荷电流大小与环境温度具有如表 4-3 的多项式拟合关系。实际工程应用中，可根据负荷电流及环境温度，代入拟合函数拟合关系式，计算电缆导体缆芯及电缆表面的温度值，通过计算实测值与计算值的偏差，对高压电缆的运行状态进行整体评估。

二、接头压接缺陷下的状态评估

若电缆接头导体存在压接工艺缺陷，则表现为导体压接处接触电阻增大，前面章节已经通过引入接触系数 k 的方式对电缆接头导体压接工艺缺陷下的接触电阻进行了考虑。因此，对电缆接头导体压接工艺缺陷的状态评估也即可转化为对接触系数 k 值的评估。

1. 基于缆芯导体温度差法

接触系数 k 和负荷电流 I 均会对接头中心导体温度 T_{jc}、距电缆接头中心2.5m处本体导体温度 T_{bc} 和它们之间的温度差值 $\Delta T_c = T_{jc} - T_{bc}$ 产生影响。为了获得 ΔT_c 的数学定量表达式，对接触系数 k 从1到10、负荷电流 I 从300A到1000A进行参数化扫描计算求解，得到了如表4-4所示的大量的接头中心和本体的缆芯温度差数据（$I, k, \Delta T_c$），并将它们以二维云图的形式进行绘制，如图4-2所示。从图4-2中可以看出，从电缆允许载流量的角度考虑，若要使电缆接头缆芯温度低于本体缆芯温度，即 ΔT_c 小于0，对于所有负荷电流 I 情况接触系数 k 值均应小于2.7。

表4-4　仿真计算得到的（$I, k, \Delta T_c$）数据

温差 ΔT_c （℃）		负荷电流 I（A）							
		300	400	500	600	700	800	900	1000
接触系数 k	1	−0.83	−1.49	−2.42	−3.62	−5.15	−7.14	−9.63	−12.81
	2	−0.38	−0.70	−1.13	−1.65	−2.41	−3.38	−4.55	−6.10
	3	0.07	0.11	0.19	0.23	0.41	0.55	0.77	1.00
	4	0.52	0.94	1.53	2.31	3.31	4.61	6.29	8.44
	5	0.98	1.73	2.89	4.38	6.28	8.80	12.02	16.21
	6	1.43	2.58	4.26	6.47	9.30	13.10	17.95	24.34
	7	1.89	3.47	5.65	8.59	12.39	17.53	24.10	32.96
	8	2.21	4.30	7.05	10.74	15.54	22.09	30.49	41.96
	9	2.82	5.18	8.47	13.04	18.76	26.82	37.07	51.29
	10	3.28	4.84	9.90	15.28	22.16	31.58	44.39	61.25

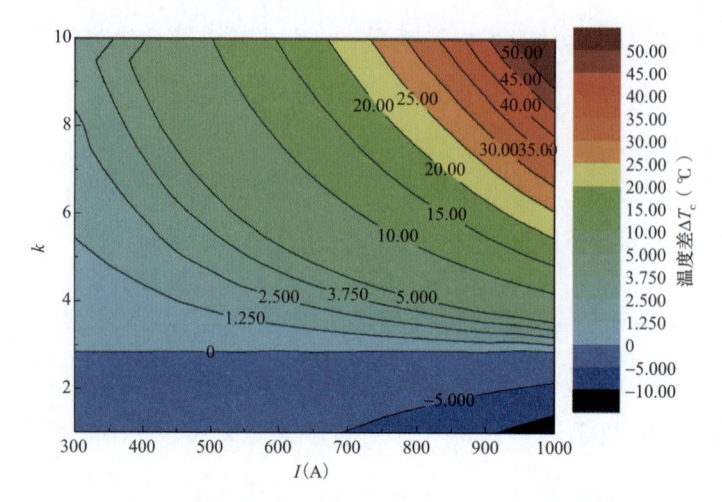

图 4-2　不同接触系数 k 和负荷电流 I 下电缆接头和本体缆芯温度差 ΔT_c 云图

选取二次函数对表中的数据进行拟合，拟合函数表达式及系数信息如表 4-5 所示。

表 4-5　分段拟合函数相关信息

区间	表达式	系数		相关系数
$\Delta T_\text{c} > 0$	$\Delta T_\text{c} = \dfrac{d_0 + a_{01}I + b_{01}k + b_{02}k^2 + c_{02}Ik}{1 + a_1 I + b_1 k + a_2 I^2 + b_2 k^2 + c_2 Ik}$	$d_0=0.5631$ $a_{01}=-0.00532$ $b_{01}=-0.17034$ $b_{02}=-0.0105$ $c_{02}=0.00186$	$a_1=-0.00113$ $a_2=3.73101e^{-7}$ $b_1=-0.00904$ $b_2=-2.52356e^{-5}$ $c_2=3.43983e^{-6}$	0.99989
$\Delta T_\text{c} \leqslant 0$	$\Delta T_\text{c} = a + bI^c + dk^e + fI^c k^e$	$a=-0.40608$ $b=-3.73287e^{-7}$ $c=2.56368$	$d=0.13925$ $e=1.0644$ $f=1.21529e^{-7}$	0.9996

注　e 表示科学记数法，例如 $a_2=3.73101e^{-7}=3.73101\times 10^{-7}$。

在工程实际中，可在已知电缆缆芯温度 T 和负荷电流 I 的情况下，通过表 4-5 中的函数关系表达式或按图 4-2 采用图解法对电缆中间接头导体压接处的接触系数 k 进行评估，具体步骤如下：

首先，通过预先安装的温度监测传感器分别测得电缆接头中心和距离接头中心 2.5m 以外电缆本体的缆芯导体温度 T_jc 和 T_bc，并求得两者之间的

温度差值 $\Delta T_c=T_{jc}-T_{bc}$，此处假设 $\Delta T_c=5℃$；

其次，根据电缆线路运行电流监测数据，获取此时电缆电路实时电流 I，此处假设 $I=600A$；

最后，将 $\Delta T_c=5℃$ 和 $I=600A$ 代入表4-5中的拟合函数中求取接触系数 $k=5.3$，或者根据图4-3先在电流 $I=600A$ 处画一条垂直线与 $\Delta T_c=5℃$ 的等温线相交于 A 点，然后在 A 点画水平线与纵坐标相交于 B 点，读取 B 点出的 k 值等于5.3。

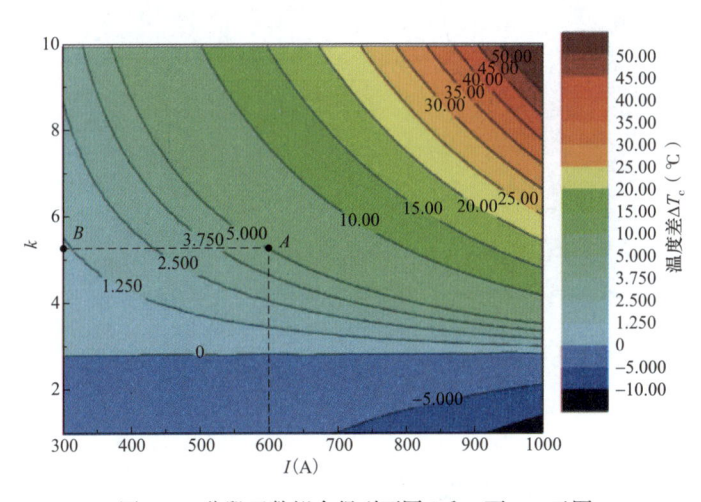

图4-3 分段函数拟合得到不同 k 和 I 下 ΔT_c 云图

2. 基于电缆表面温度差法

同理，也可以根据电缆本体表面和接头中心表面温度差 ΔT_f 和负荷电流 I 来对电缆接头导体连接处的接触系数 k 进行评估。具体过程与上面通过缆芯导体温差进行评估的方法类似，在此不予赘述，仅给出最后得到的最优拟合函数表达式，如表4-6所示，其相关系数高达0.9915，以及据此绘制得到的相应二维云图，如图4-4所示。在工程实际中，可在测得电缆表面温度和负荷电流已知的情况下，通过表4-6中函数关系表达式或按图4-4采用图解法对电缆中间接头的接触电阻状态进行评估。

表4-6 ΔT_f 与不同 k 和 I 的拟合函数关系表达式

表达式	系数		相关系数
$\Delta T_f = A + 0.5B\left[1 + erf\left(\dfrac{I-C}{\sqrt{2}D}\right)\right]\left[1 + erf\left(\dfrac{k-E}{\sqrt{2}F}\right)\right]$	A=0.06123 B=66.23295 C=1051.6936	D=414.48237 E=5.62593 F=−3.13981	0.9915

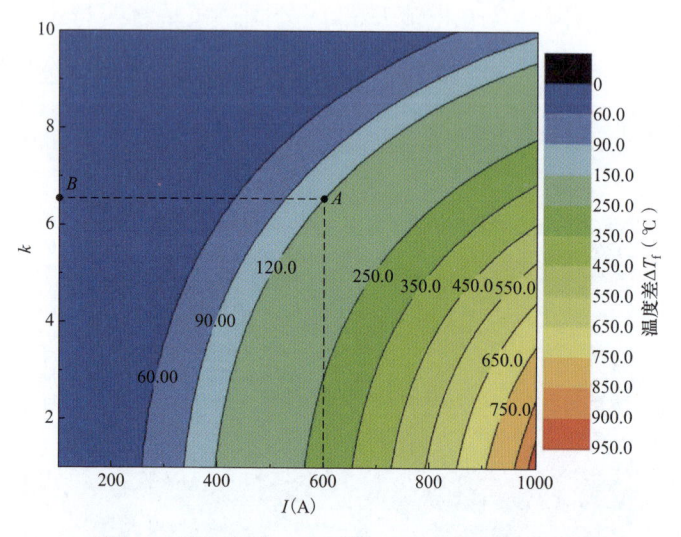

图 4-4 拟合得到 ΔT_f 与不同 k 和 I 的数值关系云图

3. 基于电缆表面温度梯度差法

由电缆表面温度梯度与表面温度之间的数学定量关系，也可以根据电缆本体表面和接头中心表面温度梯度差 ΔF_f 和负荷电流 I 来对电缆接头导体连接处的接触系数 k 进行评估。具体过程与上面通过缆芯导体温差和表面温差进行评估的方法类似，在此不予赘述，仅给出最后得到的拟合函数表达式，如表4-7所示，其相关系数高达0.9912，以及据此绘制得到的相应二维云图，如图4-5所示。在工程实际中，可在计算得到电缆表面温度梯度和负荷电流已知的情况下，通过表4-7中函数关系表达式或按图采用图解法对电缆中间接头的接触电阻状态进行评估。

表4-7　ΔF_f与不同k和I的拟合函数关系表达式

表达式	系数		相关系数
$\Delta F_f = A + 0.25B\left[1+erf\left(\dfrac{I-C}{\sqrt{2}D}\right)\right]\left[1+erf\left(\dfrac{k-E}{\sqrt{2}F}\right)\right]$	A=2.05319 B=2220.99 C=1051.6936	D=414.48237 E=5.62593 F=−3.13981	0.9912

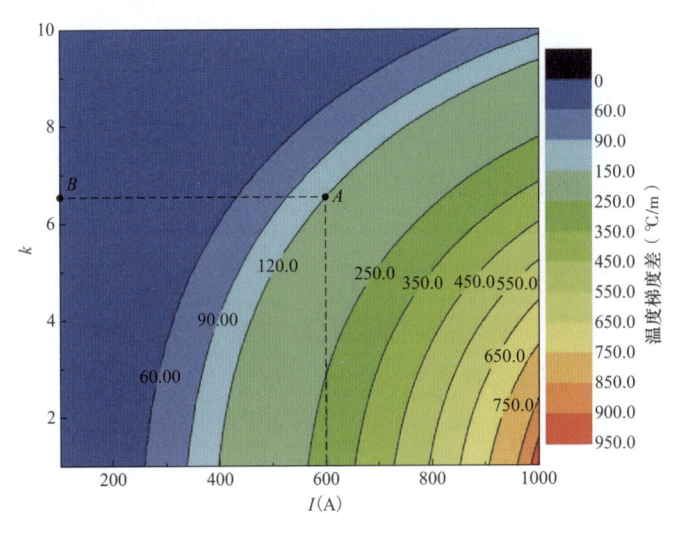

图4-5　拟合得到ΔF_f与不同k和I的数值关系云图

第二节　紧急状态下的载流能力

高压电缆工程在设计选型时，通常以远期输送功率为依据，然而实际线路投运后运行负荷一般不超过50%。为保障供电安全，电网需满足任一线路发生故障而被切除后，应不造成其他线路过负荷跳闸而导致用户停电，即N−1原则。因此，紧急状态下可能会要求电缆短时过负荷运行。电缆过载能力主要取决于最高允许运行温度θ_{em}和过载时间t。在此基础上，以导体温度不超过允许温度90℃为限定条件，构建紧急过载状态下的理论计算及试验框架，可为规划紧急过负荷条件下的电缆线路动态输送方案提供指导。

一、热路模型

1. 暂态热路模型

高压电缆暂态热路模型是紧急状态过负荷及周期性负荷计算的共同基础，可根据模型得出起始时刻及其后一段时间内电缆完整的暂态温升响应。在进行高压电缆暂态温升计算时，除考虑各层结构的热阻外，还需考虑各层结构的热容。

2. 本体热路模型

高压电缆导体暂态温升的求解建立在本体热路模型的基础之上。由于热容的存在，当负荷变化时，导体温度随之变化，但相较于负荷变化曲线存在一定的滞后，通常导体温度变化速率采用热时间常数来表示，则电缆热时间常数 τ 的计算方法为

$$\tau = \sum T_n \times \sum Q_n$$

$$Q_n = C_n \times \frac{\pi}{4} \times \left(D_n^2 - D_{n-1}^2 \right)$$

式中：T_n 为电缆第 n 层结构的热阻，（K·m）/W；Q_n 为电缆第 n 层结构的热容，J/（K·m）；C_n 为电缆第 n 层结构材料的体积比热容，J/（m³·K）；D_n：电缆第 n 层结构的外径，m；D_{n-1} 为电缆第 $n-1$ 层结构的外径，m。

高压电缆暂态热路模型的选取取决于施加负荷特性，通过比较施加负荷的持续时间与电缆本体热时间常数，以此区分为短时负荷热路模型与长时负荷热路模型。

（1）短时负荷热路模型。对于持续负荷时间短的工况，即负荷电流持续时间 $t \text{d} 1/3\tau$，可构建短时负荷下的本体等效热路模型。将绝缘层在 $d_x = \sqrt{D_i d_c}$ 直径处分成两个部分，绝缘层热阻 T_1 和热容 Q_1 按照一定比例分配到第一支路和第二支路中。

热路模型第一支路的热容 Q_A 由导体和绝缘层内侧部分的热容组成，热阻 T_A 为绝缘热阻的一半，其表达式为

$$T_A = \frac{T_1 + T_{air}}{2} \tag{4-1}$$

$$Q_A = Q_c + P_0 Q_{i1} \tag{4-2}$$

热路模型第二支路则由其余部分的热容 Q_B 和热阻 T_B 组成，其表达式为

$$T_B = \frac{T_1 + T_{air}}{2} + q_s(T_3 + T_4) \tag{4-3}$$

$$Q_B = (1-P_0)Q_{i1} + P_0 Q_{i2} + \left[(1-P_0)Q_{i2} + \frac{Q_s + P'Q_j}{q_s}\right] \times \left(\frac{q_s T_3}{\frac{T_1}{2} + q_s T_3}\right) \tag{4-4}$$

热容比例分配系数与导体外径、绝缘外径，以及外护套的内、外径相关，其中

$$Q_{i1} = C_i \times \frac{\pi}{4} \times d_c \times (D_i - d_c) \tag{4-5}$$

$$Q_{i2} = C_i \times \frac{\pi}{4} \times D_i \times (D_i - d_c) \tag{4-6}$$

$$P_0 = \frac{1}{\ln\left(\dfrac{D_i}{d_c}\right)} - \frac{1}{\left(\dfrac{D_i}{d_c}\right) - 1} \tag{4-7}$$

$$P' = \frac{1}{2\ln\left(\dfrac{D_e}{D_s}\right)} - \frac{1}{\left(\dfrac{D_e}{D_s}\right)^2 - 1} \tag{4-8}$$

式（4-1）～式（4-8）中：C_i 为绝缘体积比热容，J/m³；Q_{i1} 为绝缘层第一部分热容，J/（K·m）；Q_{i2} 为绝缘层第二部分热容，J/（K·m）；P_0 为绝缘层的热容比例分配系数；P' 为外护层的热容比例分配系数；Q_c 为导体热

容，J/（K·m）；q_s为比率，用来计及金属套的附加损耗，q_s=（导体损耗+金属套损耗）/导体损耗；Q_s为金属套热容，J/（K·m）；Q_j为外护套热容，J/（K·m）；d_c为导体直径，mm；D_i为绝缘层外径，mm；D_s为外护层内径，mm；D_e为外护套外径，mm。

（2）长时负荷热路模型。对于持续负荷时间长的工况，即负荷电流持续时间$t>1/3\tau$，可构建长时负荷下的本体等效热路模型：

热路模型第一支路的热容Q_A由导体和绝缘层内侧部分的热容组成，热阻T_A为绝缘热阻，其表达式为

$$T_A = T_1 + T_{air} \tag{4-9}$$

$$Q_A = Q_C + P_0 Q_i \tag{4-10}$$

热路模型第二支路则由其余部分的热容Q_B和热阻T_B组成，其表达式为

$$T_B = q_s(T_3 + T_4) \tag{4-11}$$

$$Q_B = (1-P_0)Q_i + (Q_s + PQ_j)/q_s \tag{4-12}$$

热容比例分配系数与导体外径、绝缘外径，以及外护套的内、外径相关，其中

$$P_0 = \frac{1}{2\ln\left(\dfrac{D_i}{d_c}\right)} - \frac{1}{\left(\dfrac{D_i}{d_c}\right)^2 - 1} \tag{4-13}$$

$$P' = \frac{1}{2\ln\left(\dfrac{D_e}{D_s}\right)} - \frac{1}{\left(\dfrac{D_e}{D_s}\right)^2 - 1} \tag{4-14}$$

式（4-9）～式（4-14）中：Q_i为绝缘层热容，J/（K·m）；Q_j为外护套热容，J/（K·m）；P_0为绝缘层的热容比例分配系数；P'为外护层的热容比例分配系数；q_s为比率，用来计及金属套的附加损耗，q_s=（导体损耗+金属

套损耗）/导体损耗；Q_s 为金属套热容，J/（K·m）；d_c 为导体直径，mm；D_i 为绝缘层外径，mm；D_s 为外护层内径，mm；D_e 为外护套外径，mm。

3. 暂态温升响应

计算电缆暂态温升响应时，通常将负荷曲线沿时间轴划分成多个时间间隔，将每个时间间隔内的负荷视为恒定，各间隔之间的负荷变化视为阶跃变化，因此首先要考虑恒定负荷施加后暂态温升的求取。电缆完整的暂态温升响应包括本体暂态温升和周围介质暂态温升。对于空气中敷设电缆，不需要计算周围介质的单独响应，在这种情况下电缆本体暂态温升响应即为电缆完整的暂态温升响应。

（1）导体相对于周围环境的暂态温升。空气敷设方式下，导体相对于周围环境的暂态温升 $\Delta\theta_c(t)$ 即为导体温度 θ_c 相对于周围环境温度 θ_0 的差值，由导体损耗、本体各层热阻、热容决定，且为时间的函数。电缆导体对阶跃函数负荷电流的暂态温度响应，即导体相对于周围环境的暂态温升 $\Delta\theta_c(t)$ 的计算公式为

$$\Delta\theta_c(t) = W_c\left[T_a\left(1-e^{-at}\right) + T_b\left(1-e^{-bt}\right)\right]$$

$$T_a = \frac{\dfrac{1}{Q_A} - b(T_A + T_B)}{a - b}$$

$$T_b = T_A + T_B - T_a$$

$$a = \frac{M_0 + \sqrt{M_0^2 - N_0}}{N_0}$$

$$b = \frac{M_0 - \sqrt{M_0^2 - N_0}}{N_0}$$

$$N_0 = Q_A T_A Q_B T_B$$

$$M_0 = \frac{Q_A(T_A + T_B) + Q_B T_B}{2}$$

式中：W_c 为单位长度导体损耗，W/m；T_a、T_b、a、b、M_0、N_0 均为中间过程参数，无具体物理意义。

（2）导体损耗偏差对暂态温升的校正。在暂态温升期间，导体电阻随温度而变化，导体损耗也随温度和时间而变化。在计及温度对导体和金属套损耗影响的情况下，施加额定载流量后 t 时刻导体温度与周围环境温度的差值，即考虑导体损耗随温度变化求得的校正温升 $\Delta\theta_R(t)$ 为

$$\Delta\theta_R(t) = \frac{\Delta\theta_c(t)}{1 + \alpha_1[\Delta\theta_R(\infty) - \Delta\theta_c(t)]}$$

其中

$$\Delta\theta_R(\infty) = \theta_c - \theta_0$$

$$\Delta\theta_j = W_d\left[(T_1 + T_{air})/2 + n(T_3 + T_4)\right]$$

$$\alpha_1 = \frac{1}{\beta + \theta_j}$$

$$\theta_j = \theta_0 + \Delta\theta_j$$

式中：$\Delta\theta_R(\infty)$ 为额定载流量下的导体相对于周围环境的稳态温升，K；$\Delta\theta_j$ 为介质损耗引起的导体稳态温升，K；θ_j 为暂态起始时刻的导体温度，K；α_1 为暂态起始时刻的导体电阻温度系数；β 为 0℃时导体温度系数的倒数。

二、载流能力模型

1. 计算模型

紧急状态下高压电缆的载流能力计算以暂态热路模型为基础，结合

过载负荷时长、过载前后状态，可推导出最大允许过载负荷。假设环境温度为 θ_0，电缆线路传输恒定初始负荷电流 I_{in}，为了达到实际的稳定状态施加足够长的时间，随后，从 $t=0$ 规定的时间，施加紧急负荷 I_{em}（大于 I_{in}），则导体在过载时长 t 后达到温度 θ_m，则紧急状态下的载流能力 I_{em} 计算如下

$$I_{em} = I_R \left\{ \frac{h_1^2 R_{in}}{R_{max}} + \frac{R/R_{max} \times \left[r - h_1^2 (R_{in}/R) \right]}{\Delta \theta_R(t)/\Delta \theta_R(\infty)} \right\}^{1/2}$$

其中

$$h_1 = I_{in} / I_R$$

$$r = \Delta \theta_{max} / \Delta \theta_R(\infty)$$

$$\Delta \theta_j = W_d \left[(T_1 + T_{air})/2 + n(T_3 + T_4) \right]$$

$$\Delta \theta_R(\infty) = \theta_c - \Delta \theta_j - \theta_0$$

$$\Delta \theta_{max} = \theta_m - \Delta \theta_j - \theta_0$$

式中：h_1 为比率，定义初始负荷 I_{in}/额定负荷 I_R；$\Delta \theta_{max}$ 为紧急负荷施加后导体最高允许温升（相对于周围环境），K；$\Delta \theta_R(\infty)$ 为额定载流量下的导体稳态温升（相对于周围环境），K；r 为比率，定义 $\Delta \theta_{max}/\Delta \theta_R(\infty)$；$I_{in}$ 为紧急负荷施加前的稳态负荷，A；R_{in} 为紧急负荷施加前的导体交流电阻（I_{in} 达到稳态时的对应温度），Ω/m；R_{max} 为紧急负荷施加后导体最高允许温度对应的导体交流电阻，Ω/m；$\Delta \theta_R(t)$ 为额定载流量下持续时间为 t 时的导体稳态温升（相对于周围环境），K；$\Delta \theta_j$ 为介质损耗引起的导体稳态温升；θ_m 为紧急负荷施加后导体最高允许温度，K。

2. 映射关系

总体来看，紧急状态下高压电缆的载流能力计算可参照以下步骤进行：

（1）根据各层结构、材料参数等计算电缆的额定载流量 I_R

$$I_R = \sqrt{\frac{\Delta\theta_c - W_d\left[0.5(T_1 + T_{air}) + n(T_3 + T_4)\right]}{RT_1 + nR(1+\lambda_1)(T_3 + T_4)}}$$

（2）根据各层结构的热阻、热容参数计算电缆的热时间常数 τ

$$\tau = \sum T_n \times \sum Q_n$$

（3）根据紧急状态下的过载时长 t 与 $1/3\tau$ 的相对关系，选取短时负荷热路模型或长时负荷热路模型，得到等效热路模型下第一支路的热阻 T_A、热容 Q_A 以及第二支路的热阻 T_B、热容 Q_B。

（4）由热阻 T_A、热容 Q_A、热阻 T_B、热容 Q_B 计算得到中间过程参数 T_a、T_b，并以此得出电缆导体相对于周围环境的暂态温升 $\Delta\theta_c(t)$

$$\Delta\theta_c(t) = W_c\left[T_a(1-e^{-at}) + T_b(1-e^{-bt})\right]$$

（5）对导体暂态温升 $\Delta\theta_c(t)$ 进行导体损耗偏差的温升校正，得到暂态校正温升 $\Delta\theta_R(t)$ 为

$$\Delta\theta_R(t) = \frac{\Delta\theta_c(t)}{1 + \alpha_1\left[\Delta\theta_R(\infty) - \Delta\theta_c(t)\right]}$$

（6）根据初始负荷 I_{in}（$h_1 = I_{in}/I_R$）、紧急负荷施加后导体最高允许温升 $\Delta\theta_{max}$ [$r = \Delta\theta_{max}/\Delta\theta_R(\infty)$]、暂态校正温升 $\Delta\theta_R(t)$、额定载流量下的导体稳态温升 $\Delta\theta_R(\infty)$ 等参量，得到紧急状态下的载流能力 I_{em} 为

$$I_{em} = I_R\left\{\frac{h_1^2 R_{in}}{R_{max}} + \frac{R/R_{max} \times \left[r - h_1^2(R_{in}/R)\right]}{\Delta\theta_R(t)/\Delta\theta_R(\infty)}\right\}^{1/2}$$

在实际工况下，若获取的是电缆导体初始温度 θ_j，则可通过稳态载流量公式得到等效稳态初始负荷 I_{in} 后进行计算。

三、模型验证

1. 计算示例

（1）紧急过负荷资料。为保证计算示例与试验内容边界条件一致，假设在环境温度12℃下，对电缆施加负荷因数为30%的电流，此时导体温度稳定在17℃，要求确定紧急状态过载负荷I_{em}，且在该电流下过载运行4h而导体温度不超过最高工作温度90℃。

（2）热时间常数求取。选取YJLW03-Z 64/110 1×1600型高压电缆，与稳态载流试验选取试样一致，电缆各层结构尺寸、材料参数及热阻、热容计算结果如表4-8，由此得到该电缆的热时间常数τ为3.36h。

表4-8　电缆热时间常数τ的计算结果

项目	热阻T_n（K·m/W）	热容Q_n[J/(K·m)]
铜导体	0	6993
半导电层	8.97×10^{-3}	96
导体屏蔽	0.032	598
绝缘	0.258	8493
绝缘屏蔽	0.015	793
阻水缓冲层	0.058	2192
阻水缓冲层间隙	0.067	0.091
金属套	0	895
外护套	0.09	2841
外部环境（空气）	0.269	/
总计	0.526	2.29×10^4
热时间常数$\tau = \sum T \times \sum Q$	3.36（h）	

（3）紧急过负荷参数求取。

1）根据电缆各层结构、材料参数等计算得到额定载流量I_R=2292A；

2）根据各层结构的热阻、热容参数计算电缆的热时间常数 τ =3.36h；

3）根据紧急状态下的过载时长 t 与 $1/3\tau$ 的相对关系，选取长时负荷热路模型，得到等效热路模型下 T_a=0.025K·m/W、T_b=0.765K·m/W；

4）额定负载下电缆单位长度导体损耗 W_c = 98.5W/m；

5）电缆导体相对于周围环境的暂态温升 $\Delta\theta_c(t)$ = 57.1K；

6）对导体损耗偏差进行温升校正，得到暂态校正温升 $\Delta\theta_R(t)$ = 52.7K；

7）初始负荷 I_{in} 与额定负荷 I_R 的比率 h_1=30%；

8）介质损耗引起的导体稳态温升 $\Delta\theta_j$=0.2K；

9）$\Delta\theta_{max}/\Delta\theta_R(\infty)$ 的比率 r=1（紧急负荷施加后的导体最高允许温升与额定载流量下一致，均为90℃）；

10）计算得到紧急状态下的载流能力 I_{em}=2752A。

（4）过载负荷与过载时长的关系。在该初始边界条件下（环境温度12℃，初始负荷因数30%，初始导体温度17℃），计算得到电缆不同过载负荷与过载时长的数值映射关系如图4-6所示。对于过载时长较短的工况（$t \leqslant \tau/3$），选取短时负荷热路模型，得到过载负荷随着过载时长增加快速减小，且当过载时长为0.2h时，过载负荷可达8328A；对于过载时长较长的工况（$t > \tau/3$），选取长时负荷热路模型，得到过载负荷随着过载时长的增加缓慢减小，且当过载时长为4h时，过载负荷可达2752A。

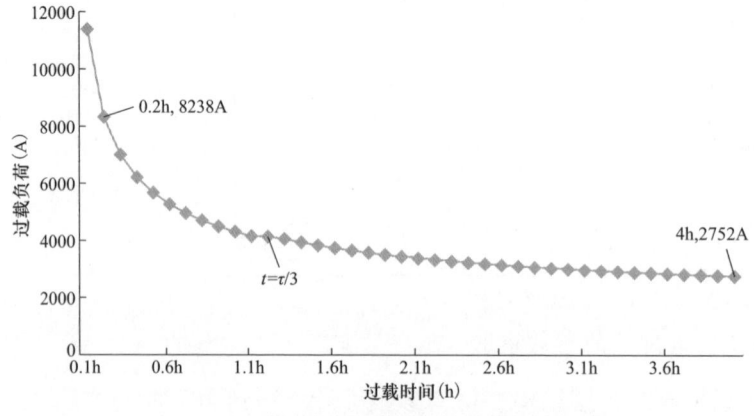

图4-6 过载负荷与过载时长的数值映射关系

2. 试验设置

空气敷设方式下，以单根 YJLW03-Z 64/110 1×1600 型高压电缆为试验样品，与稳态载流量采取的试验系统一致。

试验设置思路如下：

（1）对于不同初始负荷，施加相同大小的紧急过载负荷，以导体温度不超过90℃为限制条件计算可过载时长。

（2）对于相同初始负荷，施加不同大小的紧急过载负荷，以导体温度不超过90℃为限制条件计算可过载时长。

（3）在初始满载负荷条件下，施加200%负荷因数的紧急过载负荷，以导体短时允许过载温度不超过130℃为限制条件计算可过载时长（参考AEIC CS7—1993《额定电压69kV至138kV XLPE屏蔽电力电缆技术要求》对短时允许过载温度的规定）。

具体试验设置情况如下：

（1）试验①：对电缆施加初始负荷30%I_R并达到导体温度稳定，后施加120%I_R紧急过负荷并使导体温度达到90℃，此时将负荷降至100%I_R，待导体和护套温度稳定后，将负荷电流降为零，记录相应的负荷及测温曲线。

（2）试验②：对电缆施加初始负荷50%I_R并达到导体温度稳定，后施加120%I_R紧急过负荷并使导体温度达到90℃，此时将负荷降至100%I_R，待导体和护套温度稳定后，将负荷电流降为零，记录相应的负荷及测温曲线。

（3）试验③：对电缆施加初始负荷50%I_R并达到导体温度稳定，后施加200%I_R紧急过负荷并使导体温度达到90℃，此时将负荷降至100%I_R，待导体和护套温度稳定后，将负荷电流降为零，记录相应的负荷及测温曲线。

（4）试验④：对电缆施加初始负荷100%I_R达到导体温度90℃并保持

稳定，后施加200%I_R紧急过负荷并使导体温度达到130℃，随后将负荷降为零，记录相应的负荷及测温曲线。

3. 试验分析

按照上述试验设置情况，得到试验结果如下：

（1）试验①：试验时的环境温度为12℃，施加初始负荷715A（30%I_R），6h后导体温度达到17℃并保持稳定；随后施加2800A（120%I_R）过载负荷，4h后导体温度从17℃上升至90℃；随后将负荷降至2300A（100%I_R），待导体、护套温度达到稳态后结束试验。试验①数据汇总见图4-7。

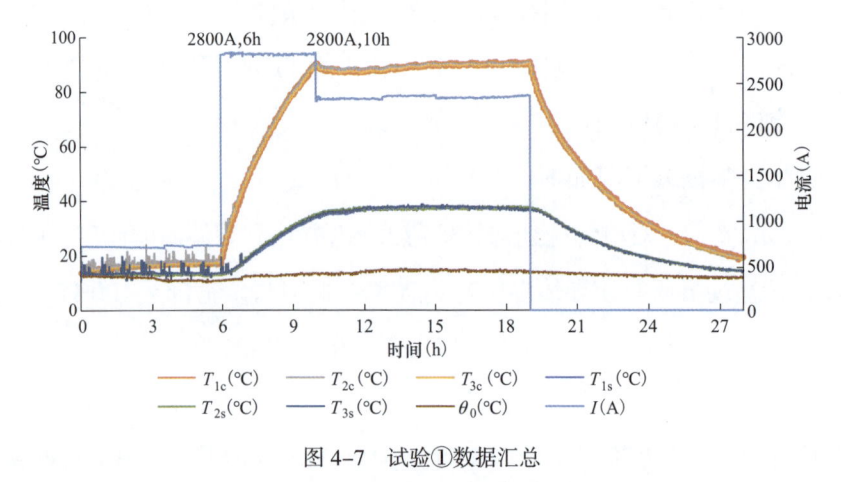

图4-7 试验①数据汇总

注：T_{1c}、T_{2c}、T_{3c}分别为试验中测得的不同位置的电缆导体温度；T_{1s}、T_{2s}、T_{3s}分别为试验中测得的不同位置的电缆护套表面温度；θ_0为试验时的环境温度；I为试验过程中施加的实时负荷。

（2）试验②：试验时的环境温度为15℃，施加初始负荷1180A（50%I_R），12h后导体温度达到33℃并保持稳定；随后施加2800A（120%I_R）过载负荷，3.3h后导体温度从33℃上升至90℃；然后将负荷降至2300A（100%I_R），待导体、护套温度达到稳态后结束试验。试验②数据汇总见图4-8。

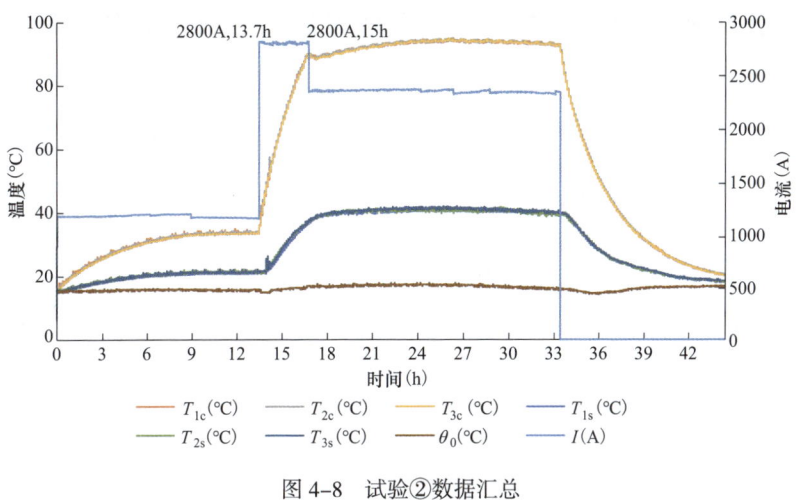

图 4-8　试验②数据汇总

注：同图 4-7。

（3）试验③：试验时的环境温度为 17℃；施加初始负荷 1170A（50%I_R），7h 后导体温度达到 32℃并保持稳定；随后施加 4680A（200%I_R）过载负荷，0.7h 后导体温度从 32℃上升至 90℃；然后将负荷降至 2300A（100%I_R），待导体、护套温度达到稳态后结束试验。试验③数据汇总见图 4-9。

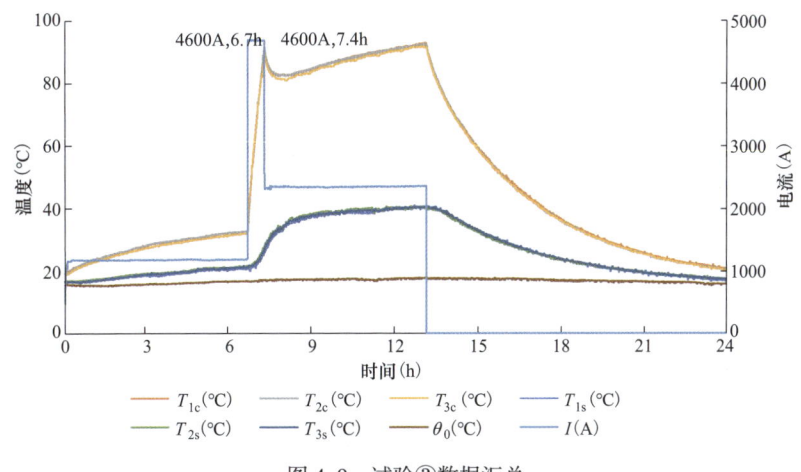

图 4-9　试验③数据汇总

注：同图 4-7。

83

（4）试验④：试验时的环境温度为22℃；施加初始负荷2190A（100%I_R），20h后导体温度达到90℃并保持稳定；随后施加4400A（200%I_R）过载负荷，0.5h后导体温度从90℃上升至130℃；然后将负荷降至零，试验结束。试验④数据汇总见图4-10。

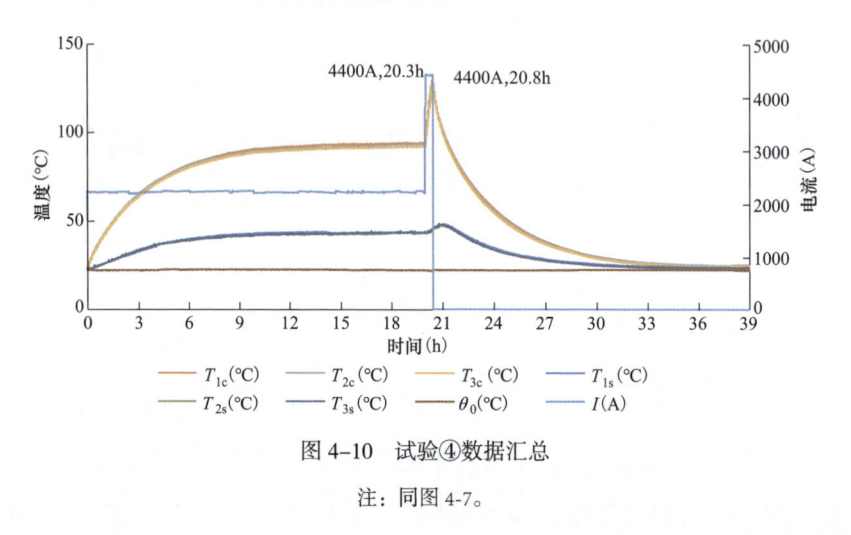

图4-10 试验④数据汇总

注：同图4-7。

（5）试验比对：根据试验①～试验④情况，开展紧急过载负荷的理论值与试验值比对，详见表4-9。对空气敷设方式下单根电缆的过载试验数据进行分析，得到紧急状态下过载负荷试验值与理论计算值的偏差在4%以内，可为紧急过载条件下的电缆线路动态输送规划提供指导。

表4-9 紧急过载负荷的理论值与试验值比对

序号	环境温度（℃）	初始负荷I（A）	导体初始稳态温度T_{C0}（℃）	紧急过载工况	过载负荷计算值（A）	过载负荷试验值（A）	偏差（%）
试验①	12	715（30%）	17	过载4h达到90℃	2752	2800	-2
试验②	15	1180（50%）	33	过载3.3h达到90℃	2748	2780	-1
试验③	17	1170（50%）	32	过载0.7h达到90℃	4515	4680	-4
试验④	22	2190（100%）	90	过载0.5h达到130℃	4394	4400	-0.1

第三节 周期性负荷条件下的载流能力

实际运行中的电缆，荷载通常呈现为高峰-低谷的周期，这亦被称为周期性条件。随着负荷从低谷向高峰上升的半个周期内，电缆线芯温度持续累计升高，但这一过程相对缓慢。当电缆负荷临近峰值时，线芯温度亦达到最高值，但在周期性负荷条件下该温度较100%负荷条件下要低许多，亦即是说在周期性负荷条件下电缆导体通常所能承受的峰值电流较100%负荷条件下计算得到的电流值要大许多。

一、载流能力模型

1. 计算模型

电缆系统的周期性负荷变化根据应用场景不同，包括日周期性负荷、月周期性负荷、年周期性负荷等变化形式。对于周期性负荷，可将周期性负荷变化曲线等分为24份，认为每一份时间内的负荷不变，用常量I_i表示，呈矩形脉冲波的形式，并认为相邻两份时间内的负荷呈阶跃变化。每段时间间隔内的损耗功率正比于$(I_i)^2$，定义单位时间间隔内的导体负荷损耗的纵坐标Y_i为

$$Y_i = (I_i / I_{max})^2$$

式中：I_i为第i份时间间隔内的电流，A；I_{max}为周期性负荷条件下的峰值电流，A。

定义周期负荷损耗因数μ为整个周期内的平均负荷水平

$$\mu = 1/24 \times \sum_{i=0}^{23} Y_i$$

特定周期性负荷条件下负荷电流I与导体负荷损耗的纵坐标Y_i可参考图4-11，对周期性负荷进行24等分，设定导体达到最高温度时$i=0$，并向

前依次计数 $i=0，1，2，\cdots，23$。在计算周期性负荷载流量时，一般只需计算导体达到最高温度时刻前1/4周期内的负荷周期数据，即 Y_0、Y_1、$\cdots$、Y_5，采用平均值足以准确地代表初始值，其中导体达到最高温度时刻通常发生在最大电流时间段的末端。

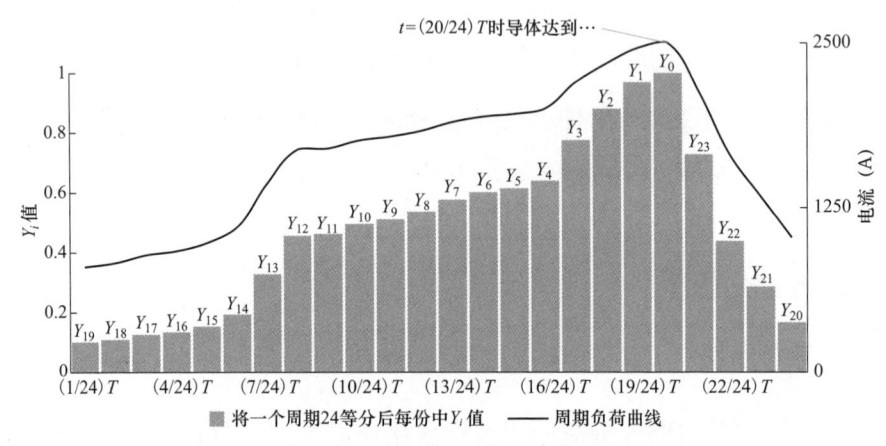

图 4-11 周期性负荷条件下导体负荷损耗的纵坐标 Y_i

用 M 表示周期负荷因数，该因数乘以稳态下允许载流量（100%负荷因数）I_R 即为周期内的峰值允许电流 I_{max}。周期负荷因数仅取决于周期波形，与实际的电流值无关。对于波形已知的任意负荷周期，等分为24份，在计算 M 时需要计算 $Y_0 \sim Y_5$ 的具体数值，参照 IEC 60853 给出的周期负荷因数 M 计算公式

$$M = \frac{1}{\left\{\sum_{i=0}^{5} Y_i \left[\frac{\Delta\theta_R\left[(i+1)T/24\right]}{\Delta\theta_R(\infty)} - \frac{\Delta\theta_R(iT/24)}{\Delta\theta_R(\infty)}\right] + \mu\left[1 - \frac{\Delta\theta_R(T/4)}{\Delta\theta_R(\infty)}\right]\right\}^{0.5}}$$

由此可以得到周期性负荷条件下的峰值允许电流 I_{max}

$$I_{max} = MI_R$$

2. 映射关系

周期性负荷可视为一种特殊的紧急状态,且过载负荷随时间呈周期性变化。因此,周期性负荷条件下的载流能力计算同样基于电缆的暂态热路模型。

总体来看,周期性负荷条件下的载流能力计算可参照以下步骤进行:

(1)根据各层结构、材料参数等计算电缆的稳态载流量 I_R

$$I_R = \sqrt{\frac{\Delta\theta_c - W_d\left[0.5\left(T_1 + T_{air}\right) + n\left(T_3 + T_4\right)\right]}{RT_1 + nR(1+\lambda_1)(T_3 + T_4)}}$$

(2)根据各层结构的热阻、热容参数计算电缆的热时间常数 τ

$$\tau = \sum T_n \times \sum Q_n$$

(3)根据周期性条件下阶跃函数电流的持续时间长短不同,即单位时间间隔时长 $T/24$ 与 $\tau/3$ 的相对关系,选取短时负荷热路模型或长时负荷热路模型,得到等效热路模型下第一支路的热阻 T_A、热容 Q_A 以及第二支路的热阻 T_B、热容 Q_B。

(4)由热阻 T_A、热容 Q_A、热阻 T_B、热容 Q_B 计算得到中间过程参数 T_a、T_b,并以此得出电缆导体相对于周围环境的暂态温升 $\Delta\theta_c(t)$

$$\Delta\theta_c(t) = W_c\left[T_a\left(1-e^{-at}\right) + T_b\left(1-e^{-bt}\right)\right]$$

(5)对导体暂态温升 $\Delta\theta_c(t)$ 进行导体损耗偏差的温升校正,得到暂态校正温升,即施加阶跃函数电流 i 小时后的导体温升 $\Delta\theta_R(t)$ 为

$$\Delta\theta_R(t) = \frac{\Delta\theta_c(t)}{1+\alpha_1\left[\Delta\theta_R(\infty) - \Delta\theta_c(t)\right]}$$

(6)根据电缆周期性负荷波形计算导体负荷损耗的纵坐标 Y_i 和周期负荷损耗因数 μ。

（7）由周期负荷损耗因数 μ、导体负荷损耗的纵坐标 Y_i、导体相对于周围环境的暂态温升 $\Delta\theta_R(t)$、额定载流量下的导体稳态温升 $\Delta\theta_R(\infty)$ 求得周期性负荷因数 M

$$M = \frac{1}{\left\{\sum_{i=0}^{5} Y_i \left[\frac{\Delta\theta_R\left[(i+1)T/24\right]}{\Delta\theta_R(\infty)} - \frac{\Delta\theta_R(iT/24)}{\Delta\theta_R(\infty)}\right] + \mu\left[1 - \frac{\Delta\theta_R(T/4)}{\Delta\theta_R(\infty)}\right]\right\}^{0.5}}$$

（8）由周期性负荷因数 M 和电缆稳态载流量 I_R 求得周期性负荷条件下的峰值允许电流 I_{max}

$$I_{max} = MI_R$$

二、模型验证

1. 计算示例

（1）周期性负荷资料。空气敷设条件下，环境温度13℃，以单根电缆为研究对象，施加周期负荷波形（50%I_R、1h；120%I_R、1h），相应的周期负荷波形如图4-12所示。在此周期性负荷下交替直至相邻波形的导体最高温度相差不超过2℃，假设周期性负荷条件下的导体运行温度峰值为84℃，求该周期性负荷条件下的峰值允许电流 I_{max}。

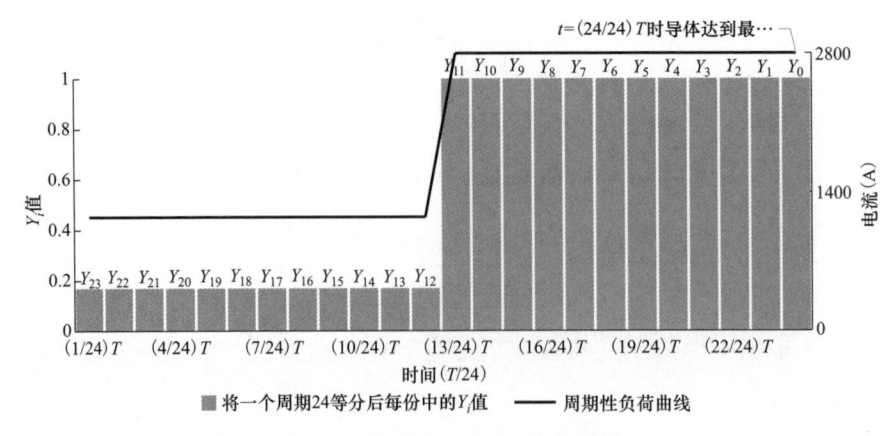

图4-12 周期性负荷条件下的负荷示意

（2）周期性负荷参数。

1）计算得到导体运行温度峰值84℃下的稳态载流量I_R=2190A；

2）计算周期负荷损耗因数$\mu = \frac{1}{24}\sum_{i=0}^{23} Y_i = 0.588$；

3）计算周期负荷因数为

$$M = \frac{1}{\left\{\sum_{i=0}^{5} Y_i \left[\frac{\Delta\theta_R\left[(i+1)0.08\right]}{\Delta\theta_R(\infty)} - \frac{\Delta\theta_R(i0.08)}{\Delta\theta_R(\infty)}\right] + \mu\left[1 - \frac{\Delta\theta_R(0.5)}{\Delta\theta_R(\infty)}\right]\right\}^{0.5}}$$
$= 1.247$

4）由周期性负荷因数M和电缆稳态载流量I_R求得周期性负荷条件下的峰值允许电流$I_{max} = MI_R = 2732A$。

在该周期性负荷条件下，相应的计算中间参数可参照表4-10。

表4-10 周期性负荷下的中间计算参数

一个周期T中时刻	I/I_{max}	时间（h）	$\Delta\theta_R(t)$	$\alpha(t)$	Y_i值
（1/24）T	50%	0.08	0.244	0.033	0.1764
（2/24）T	50%	0.17	0.46	0.061	0.1764
（3/24）T	50%	0.25	0.655	0.087	0.1764
（4/24）T	50%	0.33	0.835	0.111	0.1764
（5/24）T	50%	0.42	1.005	0.134	0.1764
（6/24）T	50%	0.50	1.166	0.155	0.1764
（7/24）T	50%	0.58	1.32	0.176	0.1764
（8/24）T	50%	0.67	1.469	0.196	0.1764
（9/24）T	50%	0.75	1.613	0.215	0.1764
（10/24）T	50%	0.83	1.753	0.233	0.1764
（11/24）T	50%	0.92	1.89	0.251	0.1764
（12/24）T	50%	1.00	2.023	0.269	0.1764
（13/24）T	120%	1.08	2.153	0.286	1

续表

一个周期T中时刻	I/I$_{max}$	时间（h）	$\Delta\theta_R(t)$	$\alpha(t)$	Y_i值
（14/24）T	120%	1.17	2.279	0.302	1
（15/24）T	120%	1.25	2.403	0.319	1
（16/24）T	120%	1.33	2.524	0.335	1
（17/24）T	120%	1.42	2.642	0.35	1
（18/24）T	120%	1.50	2.758	0.365	1
（19/24）T	120%	1.58	2.871	0.38	1
（20/24）T	120%	1.67	2.981	0.394	1
（21/24）T	120%	1.75	3.089	0.408	1
（22/24）T	120%	1.83	3.194	0.422	1
（23/24）T	120%	1.92	3.297	0.436	1
T	120%	2.00	3.398	0.449	1

（3）周期负荷峰值与运行温度峰值的对应关系。通过周期负荷条件下的载流能力计算模型，得到空气敷设条件下，环境温度13℃，周期负荷为（50%I_R、1h；120%I_R、1h）交替进行时，电缆运行温度峰值与周期负荷峰值的对应关系如图4-13所示。由图可知，电缆运行温度峰值与

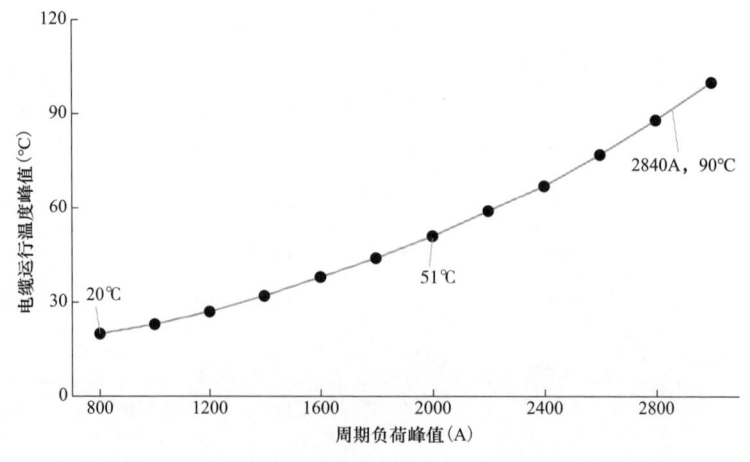

图4-13 电缆运行温度峰值与周期负荷峰值的对应关系

周期负荷峰值呈正相关；在该周期性负荷条件下，电缆运行温度峰值为90℃时，周期负荷峰值可达2840A。

2. 试验分析

通常周期性负荷变化以周期 $T=24h$ 的日周期负荷变化形式呈现，然而根据经验，若以固定的日周期负荷曲线为例进行试验，电缆导体达到最高温度所需试验时间较长，可持续数日，且随着试验时间的延长，环境温度的变化亦会对试验结果造成影响。本试验目的为验证建立模型的准确性，为便于试验进行并尽可能降低环境温度波动对试验结果的影响，选取以下周期性负荷案例进行试验。

试验过程中反复施加周期性负荷，当相邻两个周期内导体温度变化差值不超过2℃时，认为导体温度达到周期性负荷条件下的最高温度。在已知周期负荷波形、周期负荷峰值的条件下，得出该周期负荷条件下的导体运行温度峰值。

试验①：空气中，环境温度15℃，对电缆施加负荷 $50\%I_R$、2h，后施加 $120\%I_R$、1h，以此为1个循环，施加的周期性负荷波形见图4-14；如此

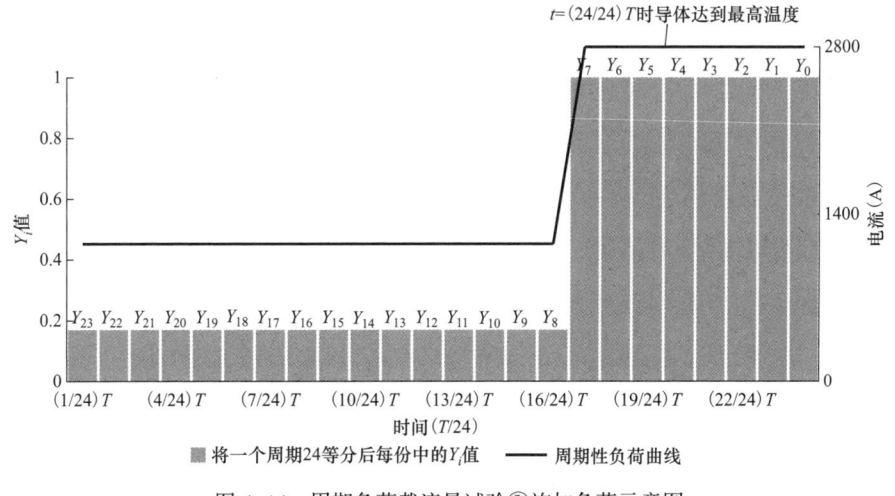

图4-14 周期负荷载流量试验①施加负荷示意图

循环，测多个周期，当最后相邻两个周期内导体温度变化曲线的差值不超过2℃时，认为导体温度达到周期性负荷条件下的最高温度。

试验结果数据汇总如图4-15所示，试验过程中第4个周期与第5个周期内的导体温度偏差值不超过2℃，其中第5个周期内的导体运行温度峰值为75℃。

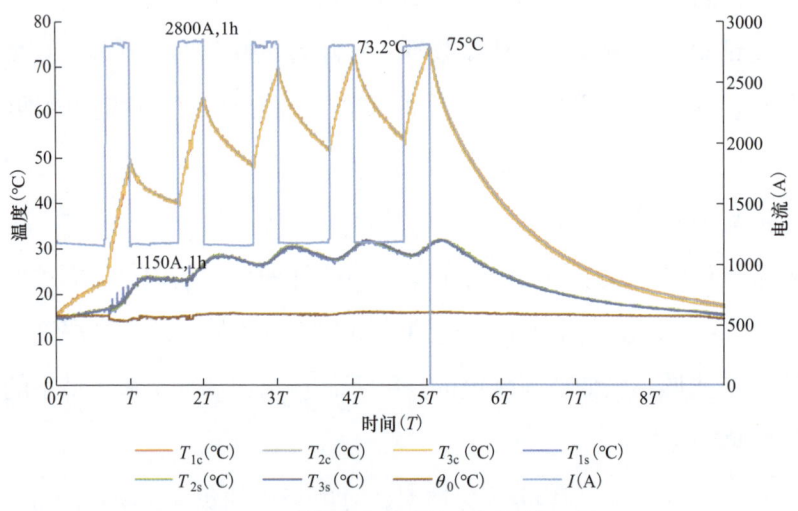

图4-15 周期负荷载流量试验①数据汇总

注：同图4-7。

试验②：空气敷设条件下，环境温度13℃，先施加负荷50%I_R、1h，后施加负荷120%I_R、1h，此为1个循环；如此循环，直至相邻两个周期内的导体温度偏差不超过2℃时，认为导体温度达到周期性负荷条件下的最高温度。试验结果如图4-16所示，第6个周期与第7个周期内导体温度变化偏差不超过2℃，其中第7个负荷周期内的导体运行温度峰值为84℃。

单根电缆空气敷设条件下的试验分析及比对如表4-11所示。由表表4-11可知，基于建立的电缆周期性负荷载流能力计算模型，得到周期性负荷条件下周期负荷峰值的理论值与试验值偏差在7%以内。

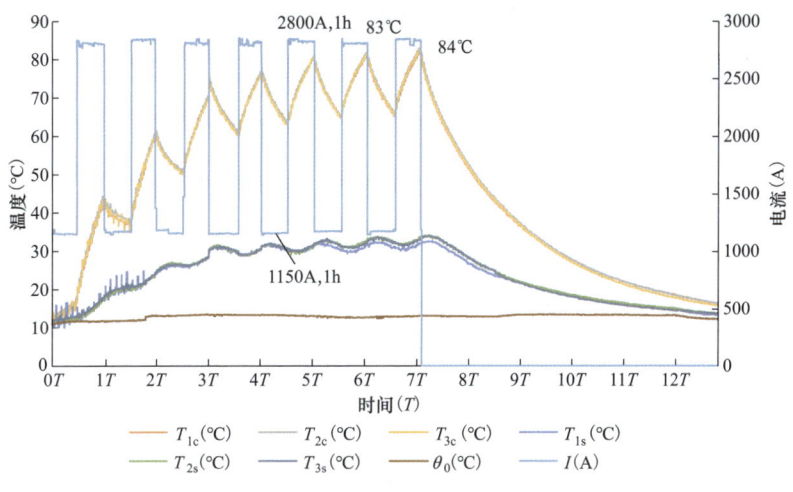

图 4-16　周期负荷载流量试验②数据汇总

注：同图 4-7。

表4-11　周期性负荷条件下理论值与试验值比对

序号	环境温度（℃）	已知波形	导体温度峰值（℃）	导体温度峰值下的稳态载流量（A）	周期负荷峰值 理论值（A）	周期负荷峰值 试验值（A）	偏差（%）
试验①	15	50%I_R、2h；120%I_R、1h	75	2017	2616	2800	−7
试验②	13	50%I_R、1h；120%I_R、1h	84	2190	2732	2800	−2

三、选型指导

基于本章建立的周期性负荷条件下的载流量计算模型，针对单根YJLW03-Z 64/110型高压电缆，以环境温度13℃，空气敷设方式下导体最高运行允许温度90℃，施加（50%I_R、1h；120%I_R、1h）周期性负荷为例，计算得到不同电缆导体截面对应的稳态载流量及周期负荷峰值，如表4-12所示。

表4-12 不同电缆导体截面对应的稳态载流量和周期负荷峰值

导体截面（mm^2）	稳态载流量（A）	周期负荷峰值（A）
240	788	983
300	904	1127
400	1050	1309
500	1214	1515
630	1413	1762
800	1627	2029
1000	1842	2297
1200	1989	2480
1600	2275	2838

由表4-12可知：

（1）若线路输送负荷为1413A，为满足稳态载流量输送要求，电缆导体截面应不小于630mm^2；而在该周期性负荷条件下，则选取500mm^{2}导体截面电缆即可，导体截面规格可降低1档。

（2）若线路输送负荷为2275A，为满足稳态载流量输送要求，电缆导体截面应不小于1600mm^2，而在该周期性负荷条件下，则选取1000mm^{2}导体截面电缆即可，导体截面规格可降低2档。

第五章 高压电缆载流量提升技术原理

第一节 平滑铝护套电力电缆技术研究

一、平滑铝护套电缆与皱纹铝护套电缆建模

选取110kV高压交联聚乙烯电缆为研究对象，其金属护套分别为平滑铝护套和皱纹铝护套，结合图5-1的电缆结构，图5-2给出了110kV交联聚乙烯平滑铝护套和皱纹铝护套电缆截面图，不同结构对应的电缆材质及外径如表5-1所示。

表5-1给出了平滑铝护套和皱纹铝护套的电缆结构参数，由表5-1可知，110kV平滑铝护套电缆的直径为89.5mm，而皱纹铝护套电缆的直径为102.5mm，即在相同电压等级下，平滑铝护套电缆的尺寸要比皱纹铝护套电缆小得多。

(a)   (b)

图 5-1 110kV 高压交联聚乙烯电缆结构
（a）平滑铝护套电缆实物；（b）皱纹铝护套电缆实物

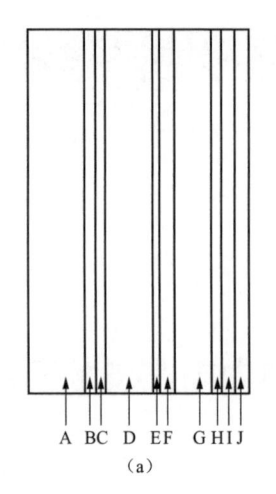

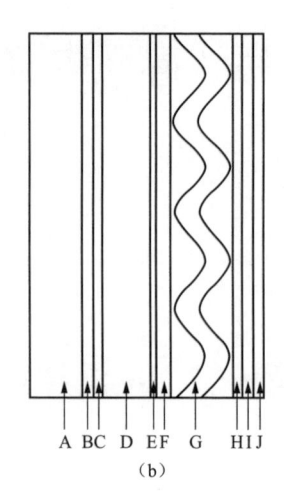

图 5-2 电缆截面
（a）平滑铝护套电缆截面；（b）皱纹铝护套电缆截面

表5-1 电缆结构参数

序号	110kV电缆结构及材料	平滑铝护套电缆参数（mm）	皱纹铝护套电缆参数（mm）
A	紧压铜导体外径	34	35
B	半导电尼龙包袋	34.7	36
C	超光滑超净半导电屏层	38	39
D	超净交联聚乙烯绝缘层	70.1	71
E	超光滑半导电屏蔽层	72.5	73
F	半导电缓冲阻水带	77.5	78
G	铝护套	80.6	92
H	电缆沥青	82	93
I	聚乙烯阻燃护套	89	102
J	导电层	89.5	102.5

利用有限元仿真软件，根据表5-1的数据建立了110kV平滑铝护套电缆和皱纹铝护套电缆的三维仿真模型，如图5-3所示。之后将会对电缆进行热电耦合仿真，研究加载指定载流量后电缆内部的温度场分布及电场分布。

（a） （b）

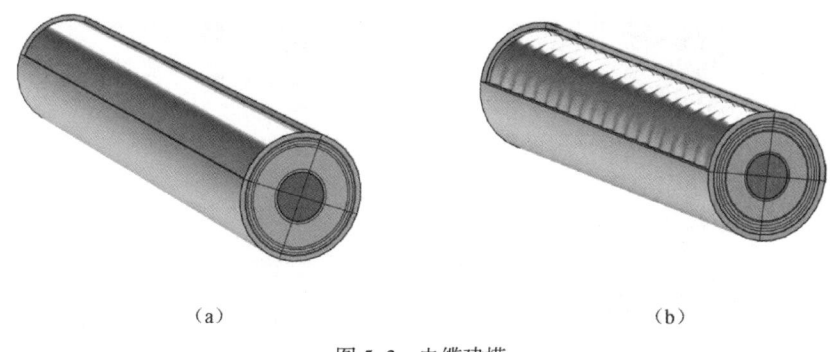

图 5-3 电缆建模
（a）平滑铝护套电缆建模；（b）皱纹铝护套电缆建模

二、平滑铝护套电缆和皱纹铝护套电缆载流量分析

对比了新型平滑铝护套电缆与皱纹铝护套电缆运行时电缆温升和载流量，并结合实际运行参数，对不同规格的电缆提出合理的参数推荐值，以确保新型工艺的可行性。由于电缆实际的敷设环境较为复杂，所以采用可以考虑多种边界条件的有限元法对平滑铝护套电缆和皱纹铝护套电缆进行仿真。在给电缆缆芯加载一定的负荷后，平滑铝护套电缆和皱纹铝护套电缆内部的温度场分布如图5-4所示。

由图5-4可以发现，温度随着电缆外径由内而外降低。由于皱纹铝护套电缆的直径比平滑铝护套电缆的直径大，因此具有更大的温度下降范围和更大的热能耗散。同时，由于皱纹铝护套电缆在金属护套G处存在0.5mm的气隙，当空气流动性不好时，该部分的热阻系数较大，因此在G处温度下降较快。而平滑铝护套电缆内部的热场分布比皱纹铝护套电缆内部的热场分布更均匀，在不同位置温度下降较为均匀，能够有效减少热能的散失，从而提高其承载能力。

给电缆缆芯加载不同大小的负荷，记录电缆内部的最高温度，结果如图5-5所示。从图5-5可以看出，在加载相同的负荷时，皱纹铝护套电缆的温度要高于平滑铝护套电缆的温度。当导体长期工作温度达到最高的

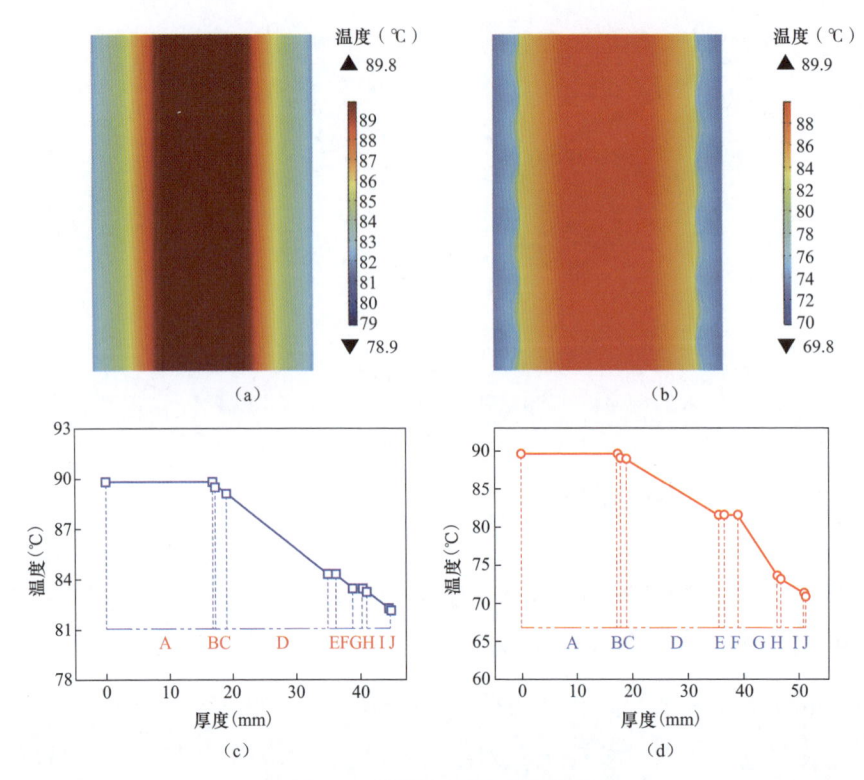

图 5-4 电缆内部的温度场分布
（a）平滑铝护套电缆；（b）皱纹铝护套电缆；（c）平滑铝护套电缆；（d）皱纹铝护套电缆

90℃时，平滑铝护套电缆所加载的负荷为706A，皱纹铝护套电缆所加载的负荷为696A。可见平滑铝护套电缆可以加载更高的负荷，散热性能更加优异。

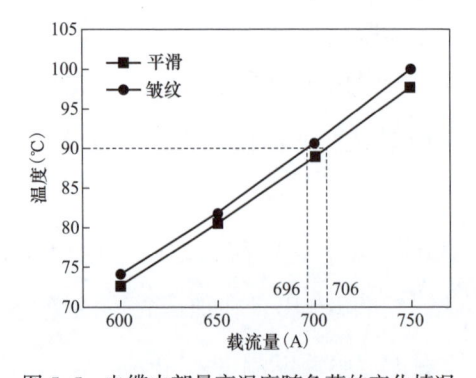

图 5-5 电缆内部最高温度随负荷的变化情况

三、基于解析法的电缆参数计算

1. 损耗计算

（1）线芯损耗。IEC 60287标准规定交流电缆的载流量计算前需先完成损耗计算和热阻计算，电缆载流量的热损耗主要来源于电缆线芯的交流电阻损耗（考虑趋肤效应和邻近效应）、绝缘介质损耗、金属护套的涡流和环流损耗，电缆载流量的热阻计算则主要考虑电缆本体每一层的热阻和电缆外部环境的介质热阻。

根据欧姆定律，高压电缆线芯导体在通过电流时会在导体内产生焦耳热，电缆线芯的热损耗计算公式为

$$W_a = I_a^2 R_a$$

$$R_a = R_d (1 + Y_s + Y_p)$$

$$R_d = R_{d0}[1 + \alpha_{d20}(\theta_m - 20)]$$

式中：I_a 为电缆的线芯电流，A；R_a 为单位长度的电缆线芯导体在给定温度下的交流电阻，Ω/m；R_d 为单位长度电缆线芯导体在给定任意温度下的直流电阻，Ω/m；R_{d0} 为单位长度电缆线芯导体在20℃时的直流电阻，Ω/m；电阻的大小要根据实际的电缆尺寸计算，相关具体数据可参考标准GB/T 3956—2008《电缆的导体》；Y_s 为线芯的趋肤效应因子；Y_p 为线芯的邻近效应因子；θ_m 为导体的最高工作温度；α_{d20} 为电缆线芯材料在20℃时的电阻温度系数，本书采用铜材料，取值0.00393，单位为1/K。

表5-2给出了线芯的趋肤效应和邻近效应对应的因子系数，所谓趋肤效应，即当交变电流流过导体时会产生交变的磁场，交变磁场在导体中感应出的涡流使得导体的电流密度中心降低，表面升高。且其内部单位面积流过的电流会沿径向呈指数形式地增加，这样电流就会集中在导电体的外表面上，最终使导体中间的电流密度趋近于零，而且这种现象会随着电流

频率升高而越加明显。这种电流密度在导电体中分布不均匀的现象称为趋肤效应，这种现象会增大导线的交流电阻。

表5-2 因子系数取值表

铜导体类型	干燥与浸渍	趋肤效应因子系数 k_s	邻近效应因子系数 k_p
圆形绞线	是	1	0.8
圆形绞线	否	1	1
紧压圆线	是	1	0.8
紧压圆线	否	1	1
扇形分割圆线	—	0.435	0.37
空心、螺旋绞线	是	—	0.8
扇形导线	是	1	0.8
扇形导线	否	1	1

趋肤效应因子计算公式为

$$Y_s = \frac{x_s^4}{192 + 0.8 x_s^4}$$

$$x_s^2 = \frac{8\pi f}{R_d} \times 10^{-7} k_s$$

式中：f为基本频率50Hz；k_s为趋肤效应因子系数，取值详见表5-2。

而所谓邻近效应，即当多根导线在交变磁场中相互穿过时，自己生成的变化的磁场会使附近的导电体产生感应电流，从而形成涡流现象，这种受到附近导体感应而产生的感应电流与本导体原来的工作电流相加会使得导体中的实际电流分布向剖面中接近附近导体的一边（内边）不断汇集，从而增加了交流电阻的大小。这导致单侧的趋肤效应，即临近效应。

邻近效应适用于多芯或多根电缆，因此，对于单芯电缆该值为0。适用于二芯或二根单芯电缆的邻近效应因子计算公式为

$$Y_\mathrm{p} = \frac{x_\mathrm{p}^4}{192 + 0.8 x_\mathrm{p}^4}\left(\frac{d_\mathrm{c}}{s}\right)^2 \cdot 2.9$$

$$x_\mathrm{p}^2 = \frac{8\pi f}{R_\mathrm{d}} \times 10^{-7} k_\mathrm{p}$$

式中：d_c 为导体外径，mm；s 为相邻电缆的轴心距离，mm；k_p 为邻近效应因子系数，取值详见表 5-2。

（2）绝缘损耗。绝缘损耗是绝缘介质在交变电场的作用下转换成热量的损耗能量，它与电场频率、介质电容大小、材料属性、施加电压等级和电缆结构有关。电场的频率越高、电压等级越高，电缆的绝缘损耗就越高。而且，电缆绝缘损耗与电压等级有较大的关系，通常当相电压高于一定值的时候才考虑绝缘损耗，如表 5-3 所示。

表5-3　电压取值表

电缆类型	U_0（kV）	电缆类型	U_0（kV）
浸渍纸绝缘电缆	—	丁基橡胶	18
硬型	38	乙丙橡胶	63.5
充油和充气	63.5	聚氯乙烯	6
交联聚乙烯（填充）	63.5	交联聚乙烯（无填充）	127
聚乙烯	127		

高压电缆的绝缘介质中存在泄漏电流，产生绝缘损耗，单位长度电缆的绝缘损耗计算公式如下

$$\begin{cases} W_\mathrm{d} = 2\pi f C U_0^2 \tan\delta \\ C = \dfrac{\varepsilon \cdot 10^{-9}}{18 \ln\left(\dfrac{D_\mathrm{c}}{d_\mathrm{cc}}\right)} \end{cases}$$

式中：C 为单位长度电缆电容，F/m；U_0 为电缆工作相电压，V；$\tan\delta$ 为绝缘层材料损耗因数；ε 为绝缘层材料的介电常数；D_c、d_{cc} 分别为绝缘层外径和含内屏蔽层的导体线芯外径。

（3）护套损耗。当电缆直埋平行敷设时

$$\lambda_1' = \frac{R_s}{R} \frac{1}{1+\left(\dfrac{R_s}{X_1}\right)^2}$$

式中：X_1 为平面等距排列的三根单芯电缆金属护套单位长度电抗；R_s 为金属护套的交流电阻。

2. 热阻计算

（1）绝缘热阻。电缆的种类有很多，如单芯电缆、带绝缘电缆、金属带屏蔽型电缆、充油电缆等，不同种类电缆的绝缘热阻计算公式均有所差异。对单芯电缆，导体与金属屏蔽之间的绝缘热阻计算公式为

$$T_1 = \frac{k_1}{2\pi} \ln\left(1 + \frac{2t_1}{d_c}\right)$$

$$t_1 = \frac{D_1 + D_2}{2} - t_s$$

式中：k_1 为绝缘材料的热阻系数，K·m/W；d_c 为导体直径，mm；t_1 为导体和金属套之间的厚度，皱纹金属护套的绝缘厚度按其内径的平均值计算，mm。

（2）内护层热阻。金属套与铠装层之间就是内护层，内护层热阻（有共同金属套的单芯和多芯电缆）的计算公式为

$$T_2 = \frac{k_2}{2\pi} \ln\left(1 + \frac{2t_2}{d}\right)$$

式中：k_2 为填充层及内护套的热阻系数，K·m/W；d 为金属套外径，mm；

t_2 为内护层的厚度，mm。本书研究中不含铠装层，故此项为 0。

（3）外护层热阻。外护层是电缆铠装层以外的部分，是电缆与外部环境直接接触的部分。本书研究中不含铠装层，所以针对非铠装电缆，其电缆外护层热阻的计算公式为

$$T_3 = \frac{k_3}{2\pi} \ln\left(\frac{D_2 + 2t_3}{d}\right)$$

式中：k_3 为外护套的热阻系数，K·m/W；d 为金属套外径，mm；t_3 为外护套的厚度，mm；D_2 为金属护套最大外径，mm。

其中 T_1、T_2、T_3 为电缆本体的特性，而 T_4 为不受电缆本体影响的电缆敷设环境温度，因此该参数会根据电缆的铺设环境改变。

（4）外界热阻。当电缆直埋平行敷设时，其外部热阻如式所示

$$T_4 = \frac{k_4}{2\pi} \ln\left[\frac{2L}{D_e^*} + \sqrt{\left(\frac{2L}{D_e^*}\right)^2 - 1}\right]$$

式中：k_4 为土壤的热阻系数，K·m/W；L 为电缆轴线到地表的距离，mm；D_e^* 为电缆外径，mm。

3. 热阻计算

为了计算出通过电缆的长期允许载流能力，可以根据电缆的等效热电路图进行分析，如图 5-6 所示。

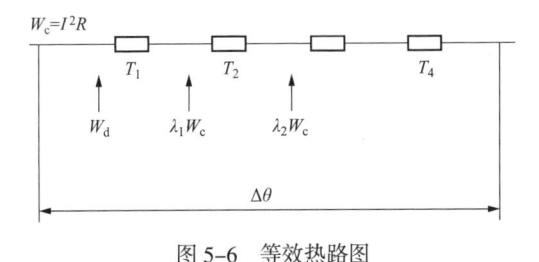

图 5-6 等效热路图

根据IEC 60287和欧姆定律的热电路，可以得到稳态下的电缆线芯载流量的计算公式如式所示

$$I = \sqrt{\frac{\Delta\theta - W_d(0.5T_1 + T_3 + T_4)}{R[T_1 + (1+\lambda_1)(T_3 + T_4)]}}$$

式中：I为导体电流，A；$\Delta\theta$为高于环境温度的导体温升；R为最高工作温度90℃下导体交流电阻，Ω；W_d为导体绝缘介质损耗，W；T_1为导体与金属护套间绝缘层热阻，K/W；T_3为电缆外护套热阻，K/W；T_4为电缆表面和周围媒介之间热阻，K/W；λ_1为护套和屏蔽损耗因数。

根据上述公式计算，分别得到如表5-4所示结果。可以得出，平滑铝护套电缆的导体交流电阻与皱纹铝护套基本相同，而金属护套的电阻小于皱纹铝护套的电阻。热阻方面，平滑铝护套电缆的导体、金属护套热阻T_1和外护套热阻T_3均小于皱纹铝护套电缆，而平滑铝护套电缆的外热阻略大于皱纹铝护套电缆。在损耗方面，单位长度的介质损耗平滑铝护套电缆的护套损耗系数为0.141，而皱纹铝护套电缆的护套损耗系数为0.145，平滑铝护套电缆的护套损耗系数小于皱纹铝护套电缆。平滑护套电缆的载流能力为776.88A，比皱纹铝护套电缆的载流能力高10.8%。

表5-4 计算结果比较

参数	电缆类型	
	平滑铝护套电缆	皱纹铝护套电缆
交流电阻（Ω）	3.08×10^{-5}	3.08×10^{-5}
单位长度电容（F/m）	2.27×10^{-10}	2.32×10^{-10}
单位长度介质损耗	0.141	0.145
T_1（K·m/W）	0.370	0.454

续表

参数	电缆类型	
	平滑铝护套电缆	皱纹铝护套电缆
T_2（K·m/W）	0	0
T_3（K·m/W）	0.048	0.090
T_4（K·m/W）	1.36	1.32
金属护套电阻（Ω）	4.72×10^{-5}	7.18×10^{-5}
电缆护套损耗系数 λ_1	1.40	1.92
载流量（A）	776.88A	702.91A

第二节 高压电缆动态增容研究

一、高压电缆动态增容热路模型理论

1. 高压电缆本体稳态热路模型理论

电缆的典型结构主要由导体、半导体包带、导体屏蔽层、XLPE绝缘层、绝缘屏蔽层、阻水层、金属护套和外护套层构成，该8层结构电缆的稳态热路模型如图5-7所示。

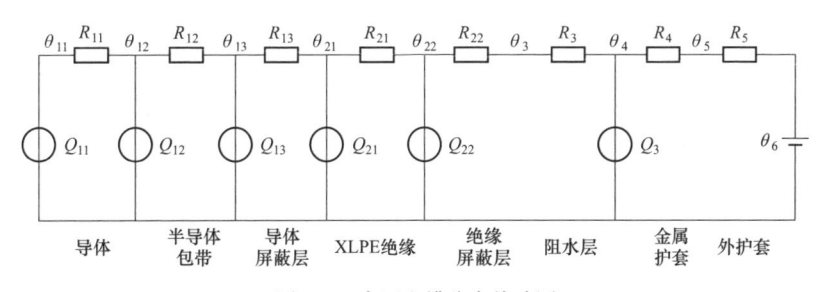

图5-7 高压电缆稳态热路图

电缆实时导体温度是衡量线路负载水平的重要参数，通过建立高压电缆本体稳态热路模型，可以对高压电缆实时导体温度进行计算，获得在实

际运行条件下高压电缆的负载水平,从而对电缆载流能力进行评估。根据 IEC 60287,可以得到稳态下的单芯电缆线芯载流量的计算公式

$$I = \sqrt{\frac{\theta_c - \theta_a}{R_c T_1 + R_c(1 + \lambda_1 + \lambda_2)(T_3 + T_4)}}$$

式中:I 为导体电流,即载流量,A;θ_c 为导体运行温度,℃;θ_a 为电缆周围环境温度,℃;R_c 为导体交流电阻,Ω;λ_1 为金属护套损耗因数;λ_2 为金属铠装损耗因数;T_1 为导体与金属护套间绝缘层热阻,K/W;T_3 为电缆外护套热阻,K/W;T_4 为电缆表面与周围媒介之间热阻,K/W。

其中 T_1、T_2、T_3 为电缆本体的特性,而 T_4 为不受电缆本体影响的电缆敷设环境温度,因此该参数会根据电缆的铺设环境改变。目前,电缆的铺设环境主要分为以下四种:

(1)直埋电缆,外部散热介质为土壤。

(2)排管敷设电缆,外部散热介质为空气、排管、混凝土或土壤,其等效环境热路如图5-8所示。

(3)空气中敷设电缆,外部散热介质为空气,外部辐射热源。

(4)缆沟/隧道内电缆,外部散热介质为空气、电缆沟/隧壁和土壤。

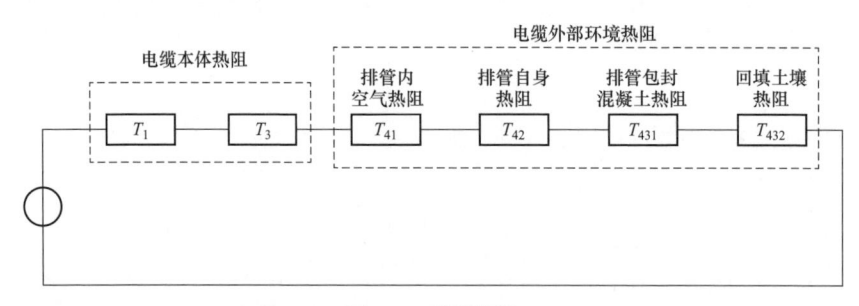

图 5-8 排管敷设

2. 高压电缆本体暂态热路模型理论

在热力学上电缆的每一层可以看作一个热熔和热阻,搭建等效后的高压电缆暂态热路模型,热路图如图5-9所示。

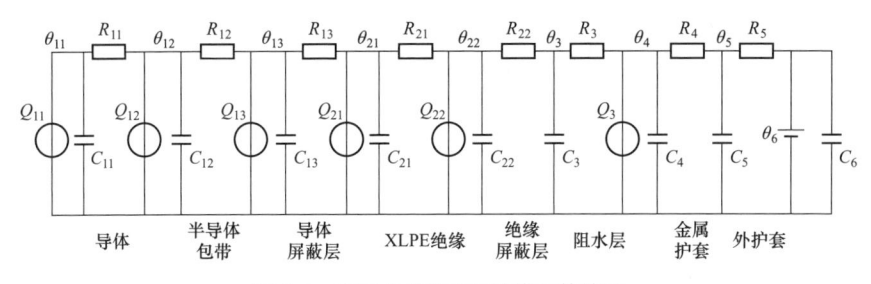

图 5-9　高压电缆暂态热路模型等效图

对于电缆的暂态值载流量模型，可以参照国际标准 IEC 60853-2，其核心算法模型思路是通过实时采集当前电缆的运行电流，推算出导体在当前运行的 t 时刻导体温度对电缆表皮温度的温升。虽然 IEC 60853-2 的电缆暂态载流量基础算法可以解决某一稳定运行电流下，电缆导体对电缆表皮温升相对于运行时间 t 的函数。但在实时监控系统中，该算法会碰到以下问题：

（1）电缆的运行电流不是理想稳定状态，在不同的时间段，供配电系统会根据居民的实际用电负荷改变电缆的供电负荷。

（2）每一个时刻，电缆的暂态载流量计算都会是一个不同的模型。

（3）当电缆的运行电流发生改变后，IEC 60853-2 的电缆暂态载流量基础算法不再适用。

因此，对 IEC 60853-2 的电缆暂态载流量基础算法模型进行了优化，提出了导体实时温度推算的改进算法模型，并将其应用于载流量实时监控系统中。该算法需要周期性通过传感器采集电缆的实时运行电流与电缆表皮的温度，然后将当前采集到的运行电流数据与上一次的数据对比。如果发现当前运行电流发生了改变，算法会判断电缆当前运行电流下的导体热力状态。当电缆导体处于升温状态，执行升温状态算法推算下一时刻导体温度，反之使用降温算法，改进型暂态载流量模型算法的运行流程图如图 5-10 所示。

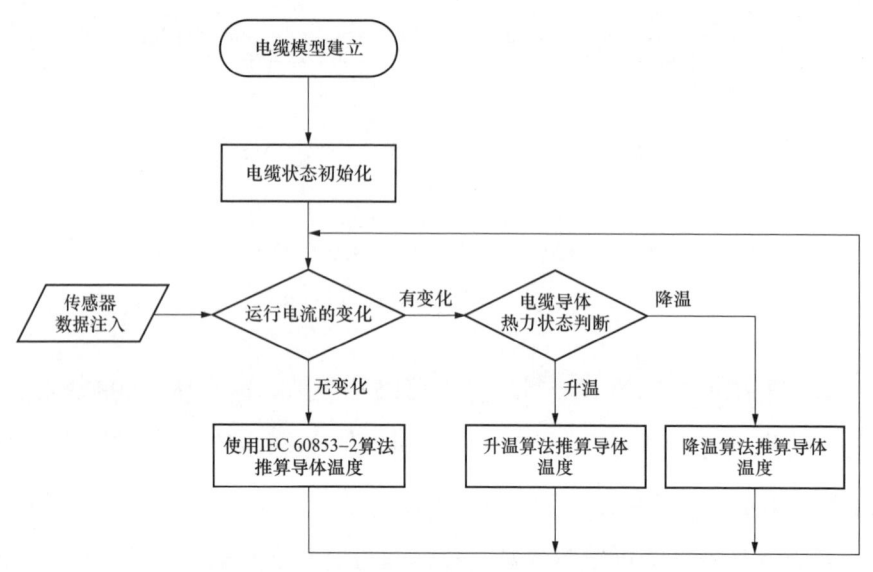

图 5-10　改进型暂态载流量模型算法流程图

（1）温升状态推算算法。所谓升温状态指当前电缆导体的温度没有达到稳态温度，继续升温；判断依据：$T_c(t-1) < T_c(\infty)$，即当前时刻电缆导体的稳定温度高于上一时刻电缆导体的温度。如图 5-11 所示，在 t_1 时刻前系统的运行电流为 I_1 无变化，所以 $t=t_1$ 时刻下的导体温度为 T_1。在下个时刻，运行电流变为 I_2，即便 $I_2<I_1$，其最终的稳态温度 $T_{c2}(\infty) > T_1$，表明 t_1 时刻下的电缆导体还存在升温的空间。

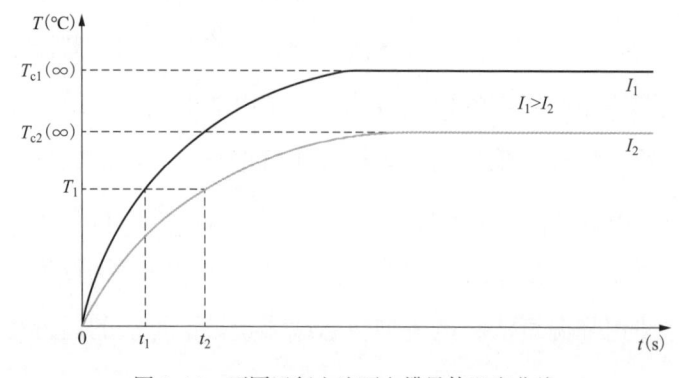

图 5-11　不同运行电流下电缆导体温度曲线

当运行电流发生变化时，认为t_1时刻前，导体仍然选择温度I_1的曲线发展，下一时刻则按照I_2的曲线发展。但是在I_2的温度曲线中，达到当前温度T_1的时间点为t_2，因此需要使用的曲线方程的反函数计算得到的t_2值，将系统的运行时间t修正为t_2。其算法简化表示为

$$t_2 = \theta_c^{-1}\left[\theta_c^*(t_1)\right]$$

式中：$\theta_c^{-1}()$为IEC 60853-2标准下的导体温升反函数；$\theta_c^*(t_1)$为之前t_1时刻导体对表皮的温升。

在本算法中，使用了循环数值逼近法来获得t_2的值，其算法流程如图5-12所示。其中判断的条件公式为$\left|\theta_c(t)-\theta_c^*(t_1)\right|\leqslant C$，式中$C$的取值会影响到循环次数，取值太大会影响$t_2$计算精度，太小会增加算法的计算量，这里的取值为$10^{-5}$。

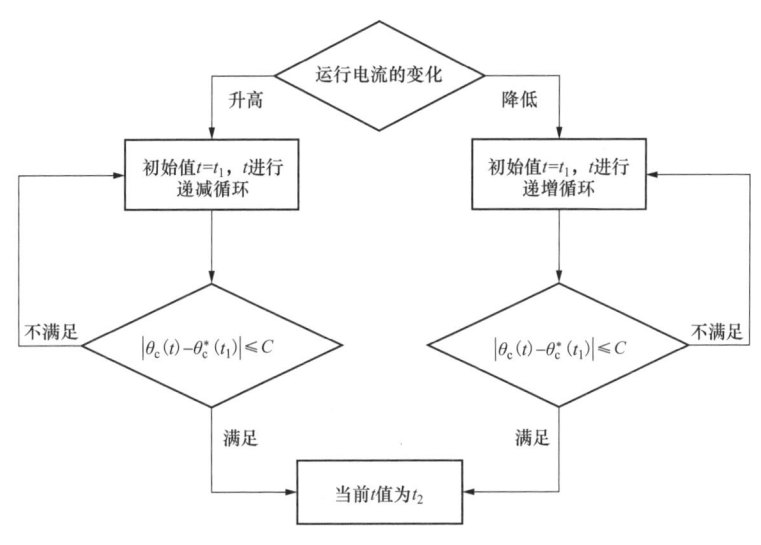

图5-12 温升状态算法流程图

（2）降温状态推算算法。所谓降温状态是指当前电缆导体的温度已经超过稳态温度，开始降温；判断方法：$T_c(t-1)>T_c(\infty)$，即当前时刻电缆导体的稳定温度低于上一时刻电缆导体的温度。

如图 5-13 所示，在 t_1 时刻前系统的运行电流为 I_1 无变化，所以 $t=t_1$ 时刻下的导体温度为 T_1。在下个时刻，运行电流变为 I_2，即便 $I_2<I_1$，其最终稳态温度 $T_{c2}(\infty)<T_1$，表明 t_1 时刻下导体开始降温。

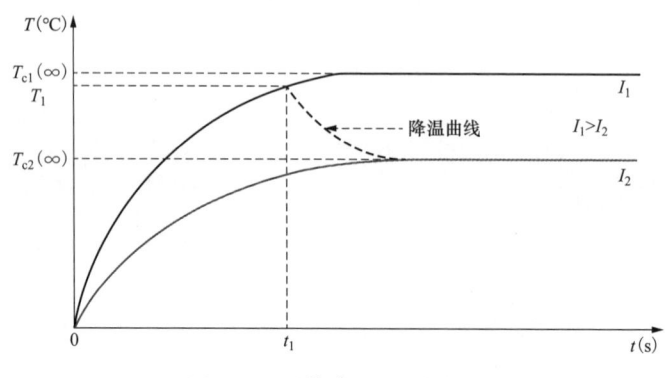

图 5-13　导体降温的温度曲线

其下一时刻电缆导体对表皮的温升算法为

$$\theta_c(t) = \theta_{c2}(\infty) + \left[\theta_c^*(t-1) - \theta_{c2}(\infty)\right] \times e^{-\frac{t^*}{C_{\text{XPLE}}+C_{\text{Cond}}}}$$

式中：t^* 为降温计数变量，当算法发现导体从升温转变到降温时，该计数值归零，之后跟随系统运行时间 t 递增；C_{XPLE} 为电缆绝缘层的热熔，C_{Cond} 为电缆导体的热熔，这两个参数可在建立的电缆模型中计算得到；$\theta_{c2}(\infty)$ 为运行电流为 I_2 时，导体对表皮的稳态温升；$\theta_c^*(t-1)$ 为上一时刻导体的温升，这里不直接使用上一次的计算值 $\theta_c(t-1)$，而是通过公式计算

$$\theta_c^*(t-1) = T_C(t-1) - T_S(t)$$

式中：$T_C(t-1)$ 为上一次计算到的导体温度 $T_S(t)$ 为当前时刻传感器采集到的电缆表皮温度。

二、电缆动态增容能力与评估

1. 电缆的实时动态载流量理论

在计算电缆的实时动态载流量时,可以通过IEC 60853-2的公式根据以下步骤进行反推。

步骤1:计算导体允许最大温升

$$\theta_c(t) = T_{pmax} - T_{Csur}$$

式中:T_{pmax} 为电缆导体允许运行的最大温度,这里取90℃;T_{Csur} 为电缆表皮的实时温度。

步骤2:计算导体允许的最大发热功率

$$W_c = \frac{\theta_c(t)}{T_a(1-e^{-at}) + T_b(1-e^{-bt})}$$

式中:a 和 b 为电缆的瞬态加热系数;T_a、T_b 为用于计算电缆瞬态加热的表观热阻。

当 t 趋于正无穷时,可以得到如下公式

$$W_c = \frac{\theta_c(t)}{T_a + T_b}$$

步骤3:计算电缆的载流量,即电流。Cond_ACImpedance 表示导体的交流阻抗。

$$I = \sqrt{\frac{W_c}{\text{Cond\_ACImpedanc}}}$$

步骤4:经过化简和整理后,得到如下公式

$$I = \sqrt{\frac{T_{pmax} - T_{Csur}}{(T_a + T_b) \times \text{Cond\_ACImpedanc}}}$$

2. 动态增容模型

所谓动态增容，是指当前时刻导体温度在规定的增容时间以内不超过电缆允许最大温度（90℃）的条件下，电缆允许的最大通流值。

建立函数 $f(t)$

$$f(t) = T_a\left(1 - e^{-ta}\right) + T_b\left(1 - e^{-tb}\right)$$

要求存在未知参数 t_1，满足以下条件成立

$$\frac{f(t_1 + T)}{f(t_1)} = \frac{T_{pmax} - T_{cond}}{T_{cond} - T_{Csur}}$$

式中：T 为动态增容的时间；T_{pmax} 为电缆导体允许的最大温度（90℃）；T_{cond} 为电缆导体的当前推算温度值；T_{Csur} 为电缆表皮当前温度。

设计程序使用逐次逼近法找到 t_1 的值，然后将 t_1 带入下面方程即可得到当前时刻的动态增容载流量

$$I = \sqrt{\frac{T_{cond} - T_{Csur}}{\left[T_a(1 - e^{-at_1}) + T_b(1 - e^{-bt_1})\right] \times Cond\_ACImpedanc}}$$

第六章　高压电缆载流量提升技术应用

第一节　平滑铝护套电力电缆工艺及应用

当今电力系统广泛使用的金属护套结构一般采用皱纹铝套高压电缆，皱纹铝套是把电缆缓冲层外的铝套轧纹成正弦波纹形状。近年来，在运的高压XLPE皱纹铝套电缆已发现多起缓冲层存在缺陷的问题，其缺陷状况主要表现为电缆绝缘屏蔽层、阻水带及铝套内壁有白色放电点，且部分白色点存在灼伤现象。近年来，浙江、江苏、上海、北京等地相继发现同类缺陷，国外新加坡、澳大利亚也有类似报道。该缺陷的持续恶化可能会完全贯穿绝缘屏蔽层，直至危及主绝缘，对于担负城区供电任务的高压XLPE电缆而言，其主绝缘一旦击穿，将引发大面积的停电事故，给国民经济和社会生活造成巨大影响。如果电缆进水吸潮，半导电缓冲阻水带遇水吸潮膨胀，铝套与半导电阻水带之间存在间隙，形成绝缘膜，导致内部电场异常，会造成铝套与绝缘屏蔽之间产生电位差而放电；电缆铝套与绝缘屏蔽层之间的间隙较大且（或）阻水带失去半导体性能，电缆绝缘屏蔽层与铝套接触有间断，不能形成等电位连接，半导电绝缘屏蔽处于悬浮电位状态，出现电荷局部积聚后对铝套放电，导致电缆出现放电灼伤的现象。为避免高压电缆本体出现灼伤等缺陷，电缆的绝缘半导电层与金属护套应接触紧密，如间隙过大，也会产生内部放电。此外，阻水带应具备半导体性能，如半导电性能发生变化也会产生放电。

针对现有高压皱纹铝套电缆存在的不足，开展了110kV及以上交联聚乙烯绝缘复合平滑铝套电力电缆。通过铝套纳米膜拉拔（缩径）工艺和防腐层（热熔胶）、外护套、导电层三层共挤工艺等多项关键技术的研究，使平铝套、热熔胶、外护套、导电层四层完全黏合成一个整体，在电缆弯曲收线及施工时护套表面不起皱，有效预防电缆铝套、缓冲层、外屏蔽之间接触不良而产生的放电现象。所研发的平管铝塑复合套电缆在散热能力和输送电流能力方面相比皱纹铝结构电缆有明显提升，且由于平管铝塑复合套结构中金属护套与内层的半导电缓冲阻水带之间无气隙的紧密接触，可规避皱纹铝套结构中金属护套内气隙间隔可能设置不当而存在悬浮电位放电的风险。同时，无气隙的紧密接触增大了电缆线芯内外结构层之间的摩擦阻力，十分有利于高压大截面电缆在高落差竖井中的安全使用，降低电缆线芯自重作用滑移对结构造成损伤的风险。综合分析国外先进设计理念，并结合国内交联皱纹铝套研发、设计经验。基于实际运行参数，配合仿真模拟，研究平滑铝护套的结构设计，根据生产实际工艺，明确制备流程；开展平滑铝护套电缆的敷设力学性能研究；基于现场实际工况，解决电缆接头盒终端的连接工艺；实现平滑铝护套电缆的制造和现场应用。

因此，针对平滑铝护套结构设计、生产以及敷设工艺，平滑铝护套电缆运行时电缆温升和载流量，平滑铝护套电缆阻抗、感应电压、环流等运行参数三个方面开展研究，具体实施方案如图6-1所示。

一、平滑铝护套结构设计与生产

非金属外护套的表面有不易脱落的连续性完好的导电层，采用的是挤包导电层。采用热熔胶、外护层与导电层三层共挤技术，导电层厚度均匀，与电缆护套黏结性能好，保证了外护套直流耐压性能的可靠性。传统

第六章 高压电缆载流量提升技术应用

```
┌─────────────────────────────────────────────────────────────┐
│         110kV及以上高压电缆平滑铝护套技术研究及应用            │
└─────────────────────────────────────────────────────────────┘

┌──────────────┐   ┌──────────────────────────────────────────┐
│平滑铝护套结构设│   │• 基于实际运行参数，配合仿真模拟，研究平滑铝护套的结构设计；│
│计、生产以及敷设│   │• 根据生产实际工艺，明确制备流程；开展平滑铝护套电缆的敷设力学性能研究；│
│   工艺研究    │   │• 基于现场实际工况，解决电缆接头终端的连接工艺；│
│              │   │• 实现平滑铝护套电缆的制造和现场应用         │
└──────────────┘   └──────────────────────────────────────────┘

┌──────────────┐   ┌──────────────────────────────────────────┐
│平滑铝护套电缆与皱│  │• 基于Comsol等仿真软件，开展平滑铝护套电缆与皱纹铝护套电缆实际运行时电缆的温升和载流量│
│纹铝护套电缆运行时│  │  对比分析；                              │
│电缆温升和载流量的│  │• 明确改进后的平滑铝护套电缆的温升和载流量特性，确保新型工艺的可行性│
│     对比      │  │                                          │
└──────────────┘   └──────────────────────────────────────────┘

┌──────────────┐   ┌──────────────────────────────────────────┐
│平滑铝护套电缆阻│   │• 基于新型的平滑铝护套电缆的结构设计和实际绝缘特性，开展平滑铝护套电缆阻抗、感应电压、│
│抗、感应电压、环流│  │  环流等运行参数的分析；                  │
│等等运行参数研究│   │• 明确平滑铝护套的各项运行参数特性，通过对比皱纹铝护套电缆的参数特性，验证工艺改进后的│
│              │   │  平滑铝护套的可行性                      │
└──────────────┘   └──────────────────────────────────────────┘

┌─────────────────────────────────────────────────────────────┐
│      实现110kV及以上高压电缆平滑铝护套技术现场实际应用         │
└─────────────────────────────────────────────────────────────┘
```

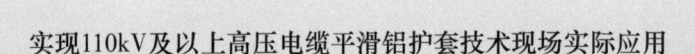

图 6-1 方案实施图

的工艺导电层采用石墨涂层，敷设时易脱落，污染生产和敷设现场环境。保证电缆弯曲施工不起皱，且平滑铝套与电缆线芯紧密整体接触。

双枪铝套焊接技术：设计研发"双枪焊接电缆铝套技术"，解决传统焊接电缆铝套的弊端，两次焊接保证了焊缝质量更可靠。

铝套无轧纹且缩径，由于是平滑铝套，铝套的缩径显得非常关键。根据铝套的性质，铝套的直径缩减不能超过8%，而且越小越好。由于焊接的特点，焊管的内径应比缆芯大5mm以上，以保证焊接质量，并且不烫伤缆芯。

缩径的工艺目前有两种，一种是拉拔紧压工艺，另外一种是紧压轮工艺。紧压拉模装置简单，外径均匀。紧压轮装置复杂，采用两组紧压轮（2×4），每个紧压轮单独电动机主动牵引，相差45°，其优点是穿线方便，外径小范围内可调。

本次试制采用纳米模拉拔工艺，批量生产考虑采用紧压轮工艺。采用紧压拉模，拉拔前87.5mm，拉拔后82.0mm。图6-2为设计的110kV

及以上复合平滑铝套高压电缆截面结构图，每一层的结构分类详见图 6-2。

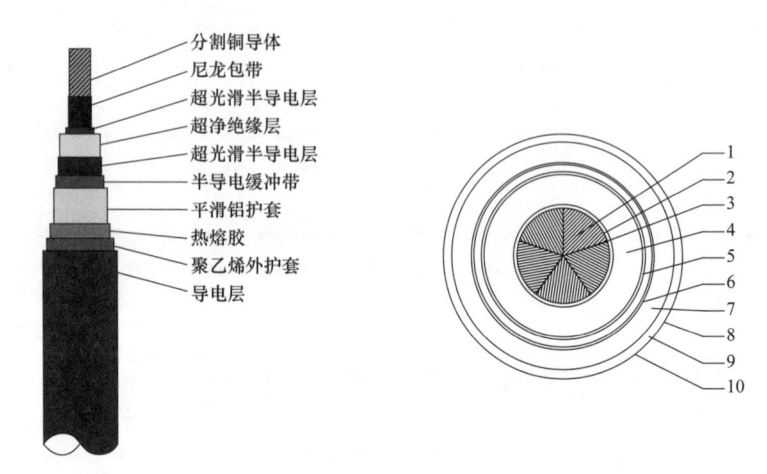

图 6-2 结构图

1—五分割铜导体；2—半导电特多龙包带；3—半导电内屏蔽层；4—交联聚乙烯绝缘层；5—半导电外屏蔽；6—半导电缓冲阻水带＋金属丝布带；7—平滑铝套；8—热熔胶防腐层；9—聚乙烯阻燃护套；10—导电层

通过技术提升，主要实现以下复合平滑铝套电缆技术效果：

（1）紧密联结复合铝–PE护套的弯曲半径可达20倍电缆外径；

（2）平滑铝套和电缆外屏蔽层之间无缝隙，可实现电缆的优良阻水效果，同时电缆的阻水层又可用作电缆的缓冲层，这样电缆的结构就非常紧凑合理，由于阻水层的作用，电缆的阻水效果更好；

（3）平滑铝套与电缆外屏蔽表面属于整体接触，接触面积大，使铝套表面的感应电流密度减小，有效预防电缆内部缓冲层接触不良而产生的放电现象，更能保证电缆的长期运行安全；

（4）由于电缆结构紧凑，导体与铝套之间的热阻减小，散热效果好，大大提高了电缆的载流量；

（5）由于平滑铝套高压电缆没有了皱纹护套，电缆在穿管敷设时减小了摩擦阻力，施工更方便，更安全；

（6）平滑铝套电缆外径比传统的皱纹铝套电缆外径减小了10%以上，节省了大量材料，降低了电缆的制造成本。

为提高复合平滑铝套电缆性能，需要对110kV及以上高压电缆平滑铝护套电缆进行测试，包括电性能测试、光机械性能测试、水密性能测试等。每一项测试中又分多项测试，研制和改造测试设备，编制相应软件等一系列工作。在电性能方面，主要进行直流电阻试验、直流耐压试验、局放检测、工频耐压测试等；在机械性能测试方面，主要进行拉伸试验测试、张力弯曲实验测试、挤压实验测试。其中，拉伸试验主要研究复合平滑铝套电力电缆在拉伸荷载作用下构件的应力、应变情况，确定最小破断荷载；张力弯曲实验主要研究复合平滑铝套电力电缆在弯曲荷载下的变形情况，确定电缆承受张力的水平；挤压实验主要研究复合平滑铝套电力电缆在径向荷载作用下的变形能力，确定径向荷载电缆的影响。

二、平滑铝护套敷设工艺研究

1. 弯曲性能研究

平滑铝护套电缆的弯曲性能是限制其工程应用的技术难点。现有国家标准已对110、220、500kV XLPE电缆的铝护套及外护套厚度进行了明确规定，并已在皱纹铝护套电缆的设计生产中采用，而这些数值对平滑铝护套电缆是否适用仍有待研究。

考核弯曲性能常用三点弯曲及四点弯曲试验。三点弯曲试验操作简单，但存在明显的压头效应；四点弯曲试验中，两压头间为理想弯曲段，可用于有效反映电缆的真实受力状态。晨光电缆股份有限公司采用四点弯曲模型来研究平滑铝护套电缆的弯曲性能。

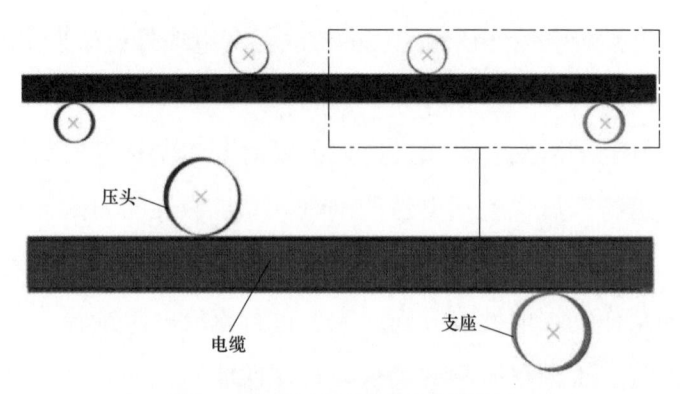

图 6-3 电缆四点弯曲实验仿真模型

将电缆、压头和支座装配成四点弯曲试验仿真模型，如图6-3所示。其中，压头和支座均为半径60mm的圆柱；力臂应为跨距的1/3，故两个压头的间距为560mm，而两个支座的间距为1680mm。电缆放置于两支座上，当两压头同时下压，电缆弯曲，在两个压头之间电缆呈理想弯曲状态。考虑对称性，取模型的1/4，即右侧剖面进行仿真。选取MDPE外护套的厚度为0~5mm，研究电缆弯曲时铝护套的形变量，结果如表6-1所示。

表6-1 外护套厚度对平滑铝护套形变的影响

MDPE外护套厚度（mm）	护套是否起皱	铝护套的最大等效塑性应变
0.0	是	0.211
1.0	是	0.088
2.0	是	0.082
3.0	是	0.080
4.0	否	0.075
5.0	否	0.073

可见，随着MDPE外护套厚度增加，铝护套受压侧的最大等效塑性应变持续减小，特别是当厚度由0增加至1mm时，应变由0.211下降为0.088，降幅达到约60%，变化显著；之后，随着厚度的继续增大，应变的降幅逐渐放缓。

此外，当外护套厚度不足4mm时，由于黏结复合护套的抗弯强度不足，无法抵抗电缆弯曲变形，模拟时观察到铝护套起皱现象，说明对所讨论的110kV电缆，为避免电缆弯曲时铝护套起皱，MDPE外护套厚度不能低于4mm。这说明，在实际生产过程中，铝护套加工工艺结束后的电缆不能直接上盘，而应立即涂刷热熔胶并挤出外护套，之后才能卷绕到电缆盘上进行储存或运输。这与皱纹铝护套电缆的生产过程管理明显不同之处，需要特别注意。

2. 附件安装

对比皱纹铝护套电缆和平滑铝护套电缆的附件，除了金属尾管与电缆金属护套连接部分有差异，其他方面没有变化。在对电缆附件进行施工时，主要是电缆外护套和金属护套剥切、电缆附件尾管与电缆金属护套连接两方面存在较大差异。

（1）电缆外护套及金属护套剥切。平滑铝护套电缆一般采用阻燃PE护套，外护套的剥削需要使用带有限位功能的开剥刀具对PE护套进行环切、纵切。相应开剥过程如图6-4所示。切割时，利用刀片的限位或者微

图6-4 使用带有限位功能的开剥刀具对PE护套进行环切、纵切过程

调手柄，控制刀片切入平滑铝护套厚度的2/3。之后在铝护套纵切2道，两道之间间隔约10mm，使用老虎钳拉起去除所切铝护套，再使用专用扳手将铝护套扳开去除。

同时在剥切时要注意不要伤到铝护套断口处，防止在铝护套扩径时，断口处开裂造成过渡管焊接时的不便。要注意金属护套表面热熔胶，剥切前需要使用煤气枪加热铝护套表面热熔胶，然后将热熔胶去除，加热热熔胶过程如图6-5所示。

图6-5 加热铝护套表面热溶胶过程

（2）平滑铝护套电缆金属套与附件尾管连接。为方便平滑铝护套电缆金属套与附件尾管进行连接，实际工程中可以采取扩大金属套与外部半导电层之间的间隙、设计过渡连接件、优化搪铅的工艺控制等方法。

在为平滑铝护套进行扩径整形时，需要用专用撬扳在铝护套断口撬一个小喇叭口，便于扩径工装能够沿缝隙插入。用锉刀打磨喇叭口处的尖端、毛刺，不圆整处，并用老虎钳适当修整，操纵过程如图6-6所示。

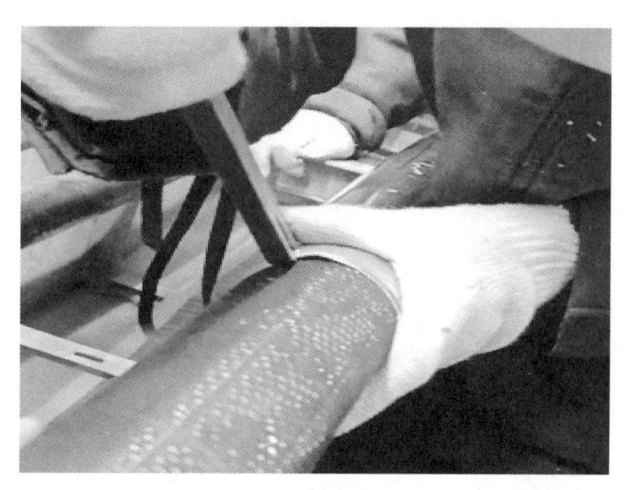

图 6-6 平滑铝护套扩径整形过程

在为金属套喇叭口进行扩径时,应将扩径专用工装沿金属套小喇叭口缝隙插入,逐步扩大喇叭口。同时还应在喇叭口内部放置测温探头,探头尽量靠近喇叭口的起伏位置并贴住铝护套,并用相色带缠绕温控线,将温控探头固定在电缆上。接线完成后,确认温控器是否工作正常。扩径过程及放置的测温探头如图 6-7 所示。

(a)

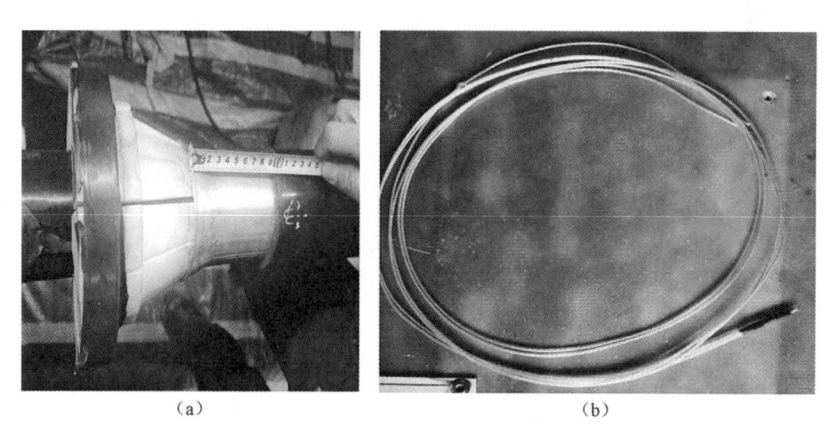

(b)

图 6-7 金属套喇叭口扩径过程及放置在喇叭口的温度探头
(a)金属套喇叭口扩径;(b)温度探头

安装过渡管前,将喇叭口调整到居中位置并安置居中固定器。安装时将铝护套喇叭口边缘回敲至与过渡管锥面贴合，然后用钢刷打磨铝护套及过渡管焊接部位，并清洁干净。焊接前需要在铝护套上靠近喇叭口的位置安装冷却器铜板，铜板进水口及出水口朝向PE护套方向以防止烫伤，安装过程如图6-8所示。

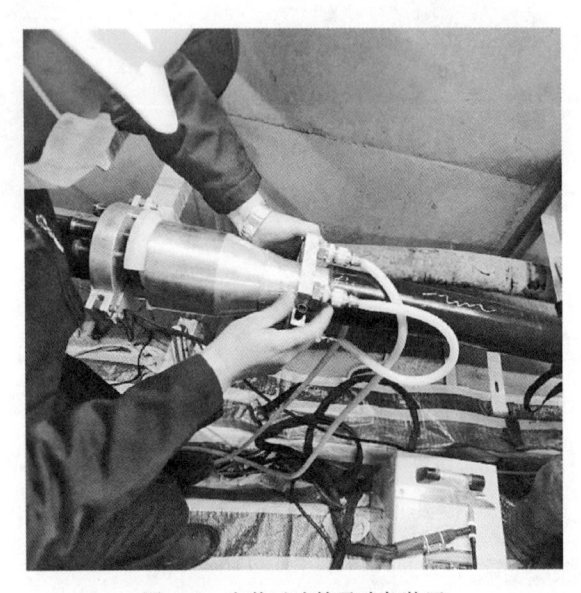

图6-8 安装过渡管及冷却装置

安装完成后，在过渡管和铝护套的结合部位进行氩弧焊接。焊接时先选取电缆正交方向4个焊接起始点进行预固定焊接，按照上下、左右的次序在不同焊接起始点处进行对称交替焊接，避免在某个局部区域连续焊接以致温度过高。焊接时观察温度，在温度达到120℃应停止焊接。焊接完成后，再检查焊点是否连续，不要有遗漏点，如发现有遗漏，及时进行补焊，确保密封性及焊接强度。焊接过程与焊接后的过渡管和铝护套如图6-9所示。

安装完成过渡管后，过渡管与电缆绝缘以及外半导电层间间隙进一步扩大，进行搪铅连接及密封等操作工艺时更加安全，不易烫伤半导电层。

图 6-9 焊接过程及成品
（a）焊接过程；（b）焊接后的过渡管和铝护套

3. 电缆敷设工艺

相比皱纹铝护套电缆，平滑铝护套电缆外径小了10%，因此敷设更加通畅，敷设效率更高。在实际工程敷设时，由于平滑铝护套电缆外径小，因此在使用同样规格的电缆盘时，电缆盘可卷绕电缆长度能够增加20%，提高电缆盘利用效率。可见，平滑铝护套电缆有着许多超越皱纹铝护套电缆的优点，但考虑到平滑铝护套电缆特殊的结构，在实际敷设时需要额外考虑以下因素：

（1）敷设温度。平滑铝套电缆敷设的环境温度应不低于0℃，如果低于0℃时，电缆的外护套及绝缘材料的脆性和硬度增加，此时电缆会变硬、变脆，在低温下敷设电缆容易造成外护套开裂等事故。因此当施工现场的环境温度低于0℃时，施工人员应采用适当的方法将电缆加热到0℃以上。

（2）敷设过程。平滑铝套电缆比皱纹铝套电缆结构更紧密，电缆外径更小，因此在进行敷设时，要注意以下问题：

1）在敷设平滑铝套电缆时，如果电缆装盘长度较长，电缆盘的旋转速率不宜过快，否则会导致电缆内圈松弛，从而引起盘上的电缆跨线或打结。

2）施工放线时不必一次性从头至尾放完，可以把电缆盘置于敷设现场中间，采用两头同时放缆的工艺。

3）在放缆过程中，电缆应采取预退扭措施，可以将电缆从盘上绕出后盘绕成"∞"或"S"形，以保证电缆布放平直。放缆时应防止平滑铝套缆出现扭转、打小圈、打结、浪涌等现象，以免损伤电缆内部的绝缘层，造成严重电缆施工事故。

4）注意事项。平滑铝套电缆敷设时会受到多种力的作用。如在施工过程中承受的机械性能拉伸力，在转弯过程中电缆弯曲部分受到的侧压力，牵引平滑铝护套电缆时受到的牵引力。控制好拉力、牵引力、侧压力能有效防止电缆绝缘损坏，保证安全运行：

a. 在放缆过程中，应保证电缆从电缆盘上平稳放出，大长度电缆尽可能采用主动放缆的方式；如果电缆长度小于300 m，也可以采用被动放缆，但一定要注意拉力控制，也有可能会因牵引张力失控造成电缆承受张力过大，从而损坏电缆护套或绝缘层。

b. 平滑铝套电缆在施工过程中承受的机械性能拉伸力和压扁力应符合表6-2的规定。

表6-2　电缆最大牵引强度

牵引方式	牵引头（N/mm^2）		钢丝网套		
受力部分	铜芯	铝芯	铅套	铝套	塑料护套
允许牵引强度	70	40	10	40	7

c. 敷设施工时的牵引力不应大于标准规定的数值，平滑铝套电缆大多是铜导体电缆，其导体允许抗拉强度最大为70MPa，施工时应由专人采用有效联络工具（如对讲机等）进行指挥协调，牵引速率不允许过快。

d. 电缆牵引敷设时，除了防止外护层被刮伤、擦破外，在弯曲部分内侧要避免出现过大的侧压力，以避免压坏外护层从而影响外护层的绝缘性能，平滑铝套电缆的外护层的允许侧压力最大为3kN/m。

三、平滑铝护套运行参数研究

1. 电缆阻抗

国网浙江省电力有限公司杭州供电公司选择了白洋变电站到新港变电站之间的两回线路白新1003线和新港1004线作为实验线路。白新1003线和新港1004线全长3497m，采用型号为YJW03-64/110kV的皱纹铝护套电缆，截面积为$1\times630\text{mm}^2$。2020年在每回线路上额外敷设了长为555m的平滑铝护套电缆，在运行1年后，测量其正序阻抗和零序阻抗，并将数据和皱纹铝护套电缆进行对比。

测量时，分别测出工频下待测电缆的电阻和电抗，最后由公式分别计算出电缆的阻抗及阻抗角

$$Z = \sqrt{R^2 + X^2}$$

$$\phi = \arccos\left(\frac{R}{Z}\right)$$

式中：Z为阻抗值，Ω；R为电阻值，Ω；X为电抗值，Ω；ϕ为阻抗角。

经计算，表6-3列出工频工作状态下，白新1003线和新港1004线换装平滑铝护套电缆前后，每千米的正序阻抗值。表6-4列出工频工作状态下，白新1003线和新港1004线换装平滑铝护套电缆前后，每千米的零序阻抗值。

表6-3 换装平滑铝护套电缆前后每千米正序阻抗值

正序参数	110kV 白新1003线		110kV 新港1004线	
	皱纹铝护套	平滑铝护套	皱纹铝护套	平滑铝护套
正序电阻（Ω/km）	0.0317	0.0356	0.0314	0.0348
正序电抗（Ω/km）	0.2008	0.1902	0.1945	0.1922
正序阻抗（Ω/km）	0.2003	0.1936	0.1970	0.1953
正序阻抗角（°）	81.029	79.393	80.828	79.727

表6-4 换装平滑铝护套电缆前后每公里零序阻抗值

零序参数	110kV白新1003线		110kV新港1004线	
	皱纹铝护套	平滑铝护套	皱纹铝护套	平滑铝护套
零序电阻（Ω/km）	0.1593	0.2140	0.1736	0.2335
零序电抗（Ω/km）	0.6258	0.5989	0.6945	0.6146
零序阻抗（Ω/km）	0.6458	0.6360	0.7166	0.6575
零序阻抗角（°）	75.719	73.340	75.758	69.199

在换装平滑铝护套电缆后，每千米电缆的零序电阻和正序电阻略微增大，零序电抗和正序电抗略微减小，零序阻抗和正序阻抗略微减小，零序阻抗角和正序阻抗角略微减小。由于阻抗角减小，线路无功功率损耗会进一步降低，维持电压保持在正常水平，缓解电力系统调压压力，从而保证电压质量。

2. 感应电压与接地箱环流

2020年，在白洋变电站到新港变电站之间的两回线路白新1003线和新港1004线新增555m的平滑铝护套电缆。在稳定运行一段时间后，在2022年7月和8月分别使用MG3-2型钳形电表测试平滑铝护套电缆段的接地箱环流和感应电压，并和皱纹铝护套电缆段的数据进行对比，结果如表6-5~表6-8所示。

表6-5 2022年7月测试皱纹铝护套电缆与平滑铝护套电缆段接地箱环流对比

电缆段	接地箱编号	环流数据（A）			
		A	B	C	总接地
里区1943线	5号	3.84	3.85	3.84	0.02
	3号	3.52	3.53	3.53	0.02
里新1946线	1号	4.04	4.04	4.04	0.01

表6-6　2022年8月测试皱纹铝护套电缆与平滑铝护套电缆段接地箱环流对比

电缆段	接地箱编号	环流数据（A）			
		A	B	C	总接地
里区1943线	5号	3.64	3.64	3.65	0.01
	1号	4.03	4.01	4.01	0.01
	3号	3.26	3.25	3.26	0.01

2022年新港线改接为里区线，平滑铝护套电缆段仍在接地线5号和接地箱6号之间，其余电缆段仍然使用皱纹铝护套电缆。对比里区1943线和里新1946线可知，在将皱纹铝护套换为平滑铝护套后，环流值出现一定程度的降低。

如果环流过大，会造成电缆损耗发热，导致电缆局部发热影响载流量，加速绝缘老化，危及电缆线路的安全运行。将皱纹铝护套电缆更换为平滑铝护套电缆后，可以起到减小环流，保护电缆线路安全运行的作用。

表6-7　2022年7月测试皱纹铝护套电缆与平滑铝护套电缆段感应电压对比

电缆段	接地箱编号	感应电压（V）		
		A	B	C
里区1943线	6-1号	7.2	7.8	8.1
	4-1号	5.71	6.93	10.26
	4-2号	4.87	5.29	7.36
里新1946线	2-1号	11.82	8.31	5.82
	2-2号	10.52	8.67	7.52

表6-8　2022年8月测试皱纹铝护套电缆与平滑铝护套电缆段感应电压对比

电缆段	接地箱编号	感应电压（V）		
		A	B	C
里区1943线	6-1号	6.50	7.33	7.89
	2-1号	9.3	6.6	4.6
	2-2号	8.1	6.5	6.0

由表6-8可知，在更换为平滑铝护套电缆后，里区1943线6-1号接地箱感应电压略微降低，可见平滑铝护套电缆可以起到减小感应电压，保护电缆绝缘的作用。

3. 耐压实验

在白洋变电站到新港变电站之间的两回线路白新1003线和新港1004线新增555m的平滑铝护套电缆后，对其分别进行耐压测试以证明其运行可靠性。在给电缆的A、B、C相分别加上102.4kV的实验电压后，用3125型绝缘电阻测出每相绝缘电阻的变化如表6-9所示。

表6-9 耐压实验前后电缆每相绝缘电阻的变化

MΩ

线路名称	A-BC及地		B-AC及地		C-AB及地	
	耐压前	耐压后	耐压前	耐压后	耐压前	耐压后
新港1004线	35000	35000	36000	36000	33000	33000
白新1003线	35000	35000	36000	36000	33000	33000

由表6-9可知，耐压实验前后绝缘电阻值没有发生变化，可见敷设的平滑铝护套电缆耐压性能良好，可以进行长期使用。

第二节 高压电缆动态增容装置

一、稳态和暂态载流量实验装置与实验方法

载流量模拟试验场包括调压控制柜、调压器、穿心变压器、TA、热电偶和监控平台。通过调压器输出可变电压，改变穿心变压器一次侧电压，实现对回路电流控制。设置主回路和模拟回路，两个回路各配置两台穿心变压器，可同时升流，通过监测模拟试验回路温度实现主回路所需达到温度的电流控制。模拟回路调压器为20kVA，主回路调压器为50kVA，穿心变压器为50kVA，主回路和模拟回路可同时升流2500A。

主回路由试验支路一和其他两个支路构成，模拟试验回路由两段电缆首尾相接构成，模拟回路置入三个导体热电偶和一个表皮热电偶，导体热电偶测量电缆线芯温度，表皮热电偶测量电缆外护套温度，升流单元控制系统见图6-10。

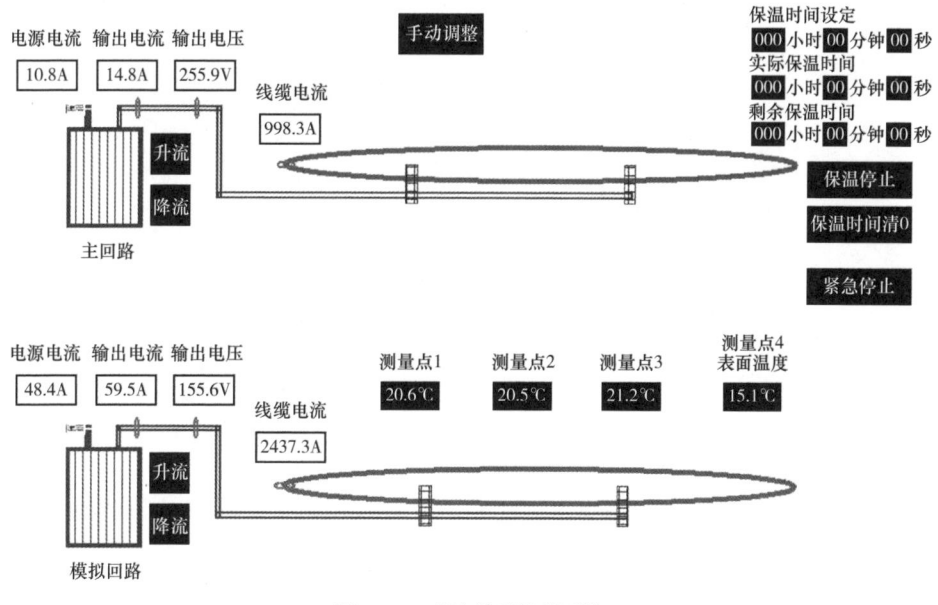

图6-10 升流单元控制系统

电缆本体分布式测温装置（DTS）主要包括测温光纤、测温主机和分析软件，装置如图6-11所示。本装置采用拉曼散射技术，可实现电缆温度分布信息的准确获取。电缆支路各布置一根测温光纤，单独循环进行测温，测温精度为±1℃，测温范围为0~100℃，空间分辨率为1m，周期为5s。

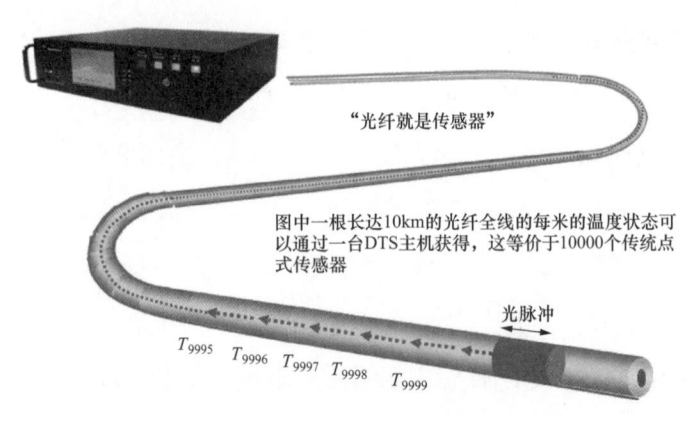

图 6-11 DTS 测温装置

利用空气中敷设的电缆开展验证，电缆现场铺设图如图 6-12 所示。

图 6-12 电缆铺设现场图

试验电缆的型号为 YJLW03 64/110kV $1 \times 800 \text{mm}^2$，模拟试验初始条件见表 6-10。

表6-10 初始条件表

物理量	值
电压等级	110kV
频率	50Hz
电缆回路数	1
试验现场环境温度	16.5℃
电缆表皮温度	16.5℃

采用IEC 60287标准计算该110kV的XLPE单芯电力电缆的稳态载流量，该电缆金属套外无铠装，不施加电压的载流量试验时，可不考虑电缆的介质损耗；同时试验过程中，电缆单端接地，电缆环流损耗为零，因此公式可简化为

$$I = \sqrt{\frac{\theta_c - \theta_a}{R_c(T_1 + T_3 + T_4)}}$$

代入相关参数，通过开发的载流量软件计算得到稳态载流量 I_{max} = 1450.71A。将不同的环境温度代入公式，可以得到环境温度-稳态载流量趋势图。如图6-13所示，可以看到，随着环境温度的升高，稳态载流量逐步降低。通过数据拟合发现，图6-13中虚线表明环境温度与稳态载流量呈高度线性相关。

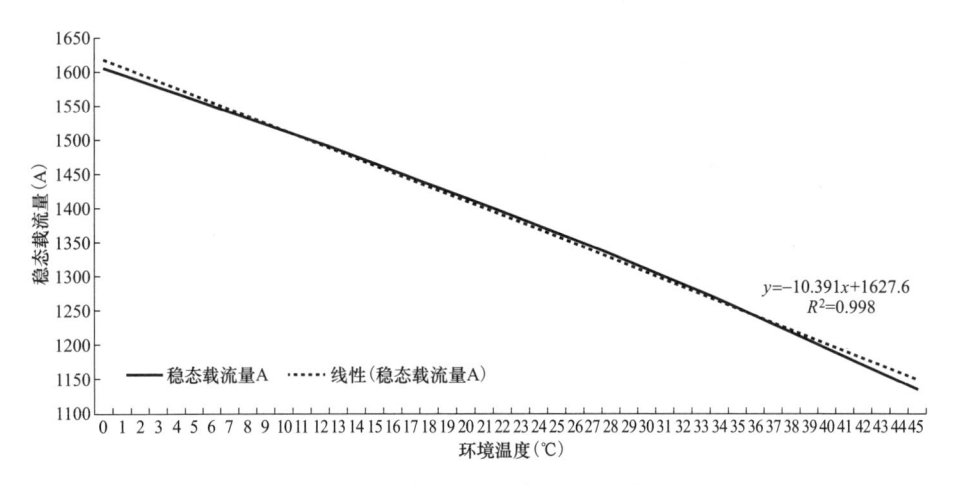

图6-13 环境温度-稳态载流量趋势图

采用国际电工委员会标准IEC 60853，代入稳态载流量电流值1450A和理论参数，得到图6-14所示的导体温度-时间关系曲线图和图6-15所示的电缆表皮温度-时间曲线图。

由图6-14可以看出，当加载电流为 $0.25I_{max-IEC}$ 时，导体温度在2400min后无限接近21.6℃；加载电流为 $0.5I_{max-IEC}$ 时，温度在2400min后

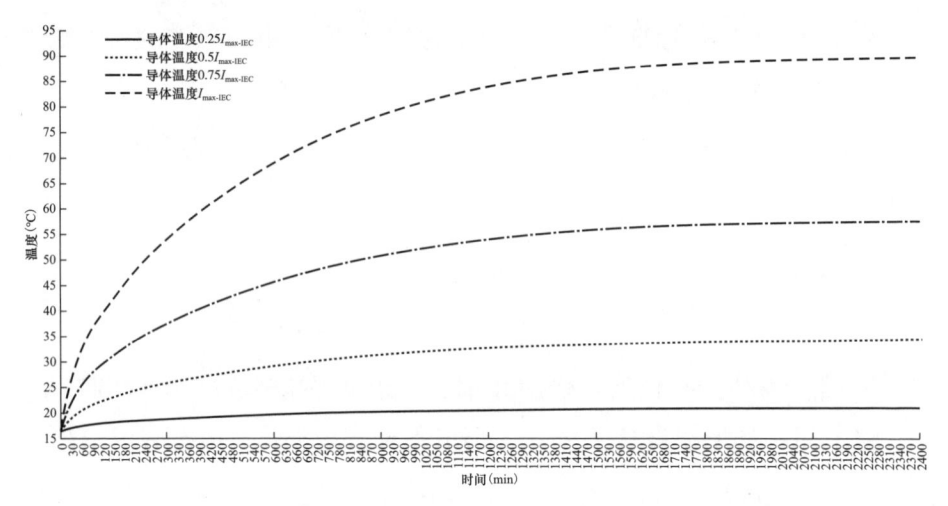

图 6-14 导体温度 – 时间关系曲线图

无限接近 34.7℃；加载电流为 $0.75I_{max-IEC}$ 时，温度在 2400min 后无限接近 57.8℃；加载电流为 $I_{max-IEC}$ 时，温度在 2400min 后无限接近 90℃。

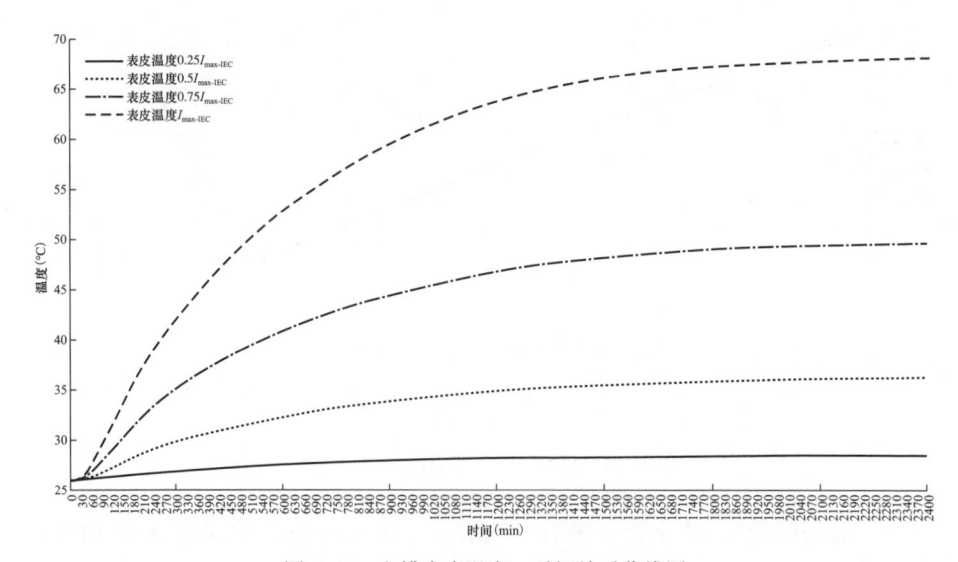

图 6-15 电缆表皮温度 – 时间关系曲线图

由图 6-15 可以看出，当加载电流为 $0.25I_{max-IEC}$ 时，表皮温度在 2400min 后无限接近 28.6℃；加载电流为 $0.5I_{max-IEC}$ 时，表皮温度在 2400min 后无限接近 36.5℃；加载电流为 $0.75I_{max-IEC}$ 时，表皮温度在 2400min 后无限

接近49.8℃；加载电流为$I_{max-IEC}$时，温度在2400min后无限接近68.3℃。

二、实验模型验证

实验从当天9：50开始，现场的环境温度为11~16.5℃，通过升流控制系统，调整模拟回路电缆电流，电缆运行期间的平均电流为1450A，波动幅值小于1%。当天19：30试验结束，试验全程历时约580min，如图6-16和图6-17所示。

在试验期间，每隔1min，系统从位于电缆四处不同位置的测温点获取到导体温度值1、导体温度值2、导体温度值3，以及电缆表面温度值。导体温度在到达70℃后逐步趋于平缓，导体最高平均温度逼近73℃，电缆表皮温度在36℃后趋于平缓，逼近38℃。将导体温度和表皮温度的试验数据按时间作出曲线，得到图6-18真实电缆导体和表皮温度对应时间关系的曲线。

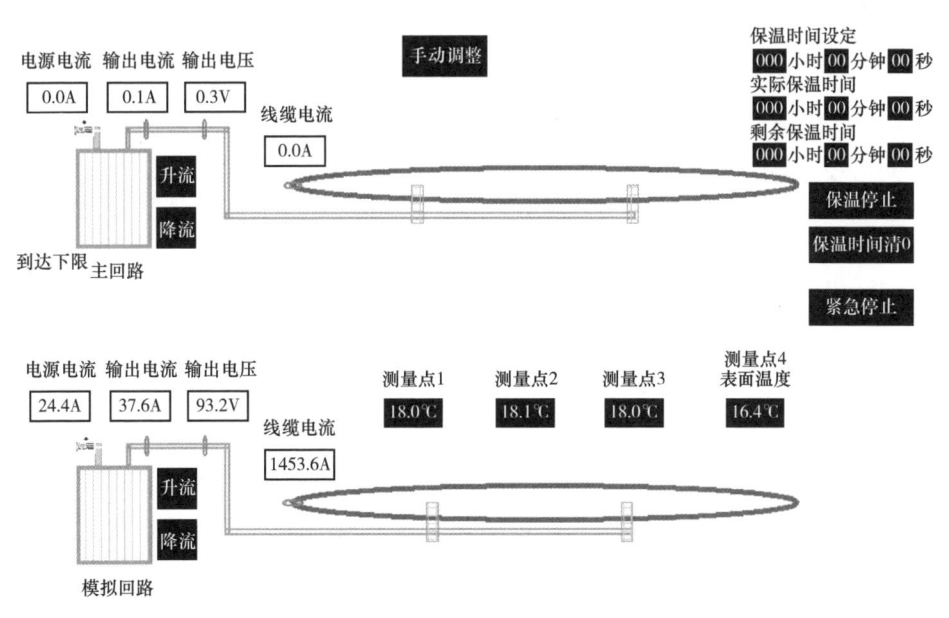

图6-16 试验运行升流控制系统示意图

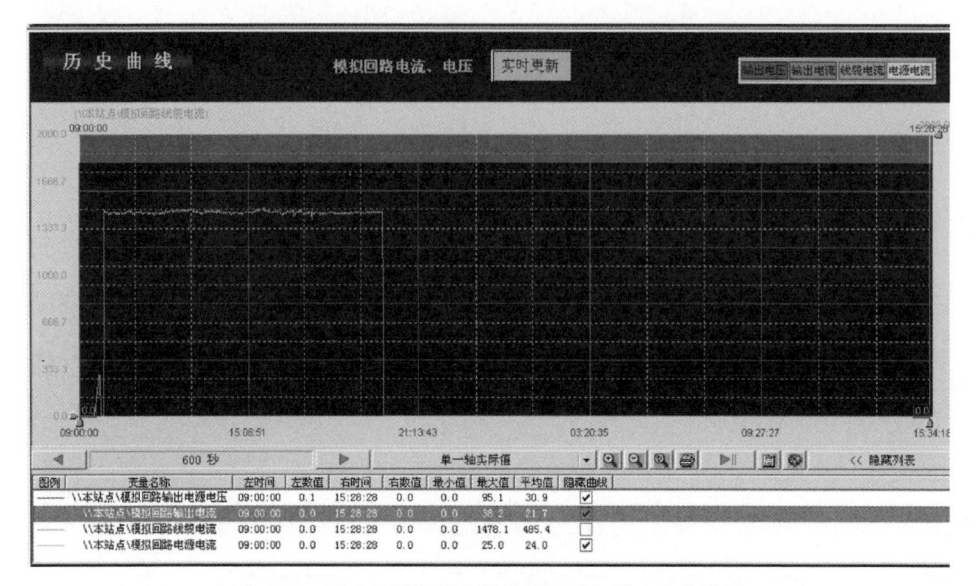

图 6-17 试验运行期间电缆模拟回路电缆电流曲线图

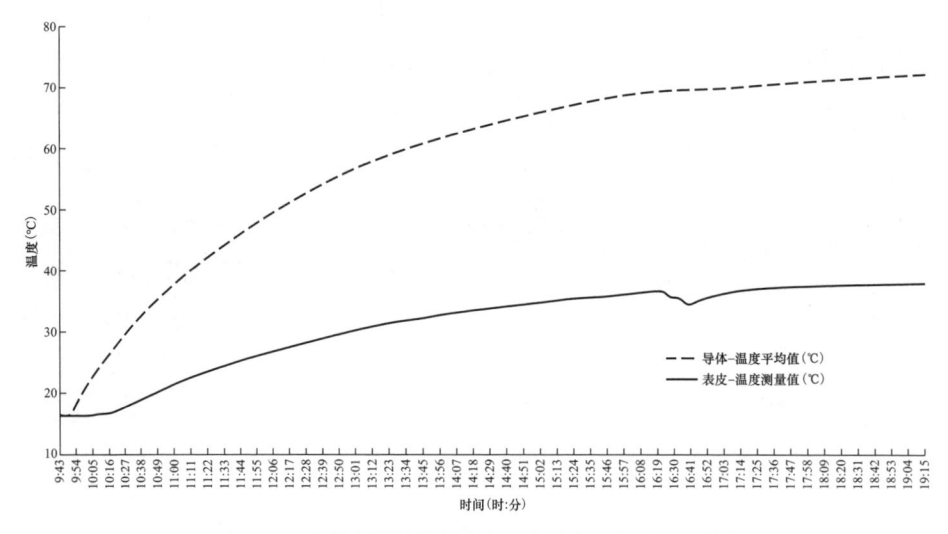

图 6-18 真实电缆导体和表皮温度对应时间关系的曲线

从现场试验数据可以得出，当试验电缆实际加载采用国际电工委员会标准IEC 60287计算出的额定稳态载流量1450A时，导体温度最终并没有达到90℃附近，而是稳定在73℃附近，说明与实际的稳态载流量相比，IEC 60287标准的计算结果偏于保守，对比图如图6-19所示。

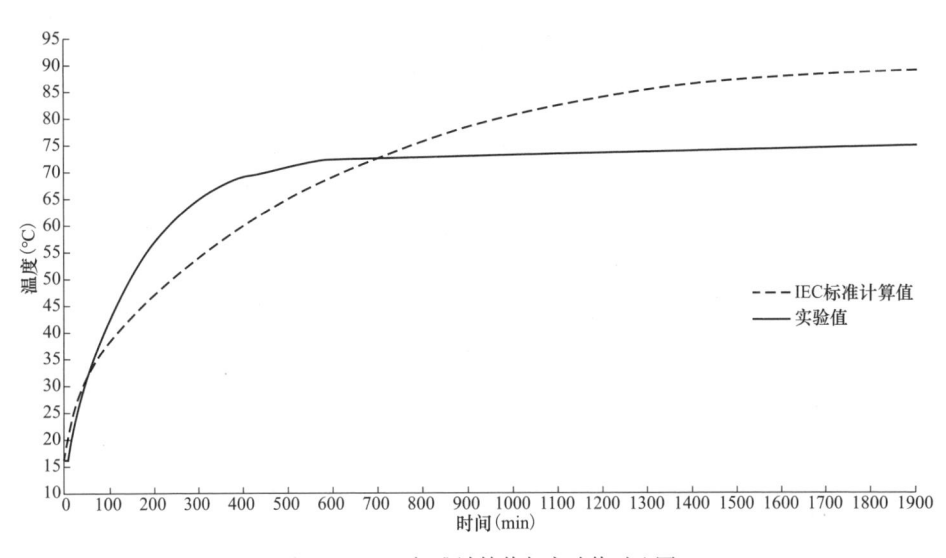

图 6-19 IEC 标准计算值与实验值对比图

IEC 60287 是建立在解析和经验的基础上，而实际敷设情况存在差异性，这就造成了在很多场合下的局限性。总结分析起来，主要有以下两点原因：

（1）虽然根据 IEC 标准中的公式可以方便地计算载流量，但计算精度完全依赖于所设置的电缆参数的准确性，且标准忽略了电缆铝护套至导体热阻材料的分层，导致计算结果也偏于保守。

（2）标准是在给定电缆导体和金属套温度的基础上确定两者的电阻率，然后计算损耗，而实际中不同位置电缆的导体和金属套温度往往不同，导致电阻率不同、损耗不同，反过来又造成电缆的导体和金属套温度的不同，即温度场计算实际上是一个电磁场和热场的耦合计算问题。

三、基于有限元的电缆温度场分析及参数修正

基于电缆温度场和载流量的计算方法，主要有基于等效模型的解析计算方法和基于多物理场的数值算法。前者主要是国际电工委员会制定的标

准IEC 60287、IEC 60853，后者，主要代表是有限元法。电缆运行过程中，高压电流流经线芯导体，线芯向外传递焦耳热，使电缆各部件温度升高；而电缆与外部环境发生热传递，当空间的温度分布不随时间而改变时，形成稳态温度场。因此电缆的温度场是一个耦合电缆本体、环境的传热过程。

针对电缆结构尺寸及材料属性，特别是涉及材料属性的参数值，绝大部分是理论值或经验值，因此通过具体的试验数据进行修正。通过反复比较，发现壁面散热系数是影响载流量的一个重要参数，壁面散热系数也即电缆外表面与周围空气环境的对流换热系数。物体表面附近的流体的流速越大，其表面的对流换热系数也越大，空气自然对流的换热系数经验值范围是$5\sim25W/(K\cdot m^2)$。因为本次试验环境在高压大厅，相对空间较为密闭，空气自然对流流速极低，对应的换热系数并不高。

为了确定电缆壁面散热系数，我们调取试验记录。实验于19：30完成，电缆电流降低为0，电缆表皮温度从38℃逐渐降低，到第二天9：30最终降低到和室温温度一致的16.5℃附近，如图6-20所示。根据牛顿冷却定律，代入具体的试验数据，推导出了此次试验的壁面散热系数约为$6.3W/(K\cdot m^2)$。

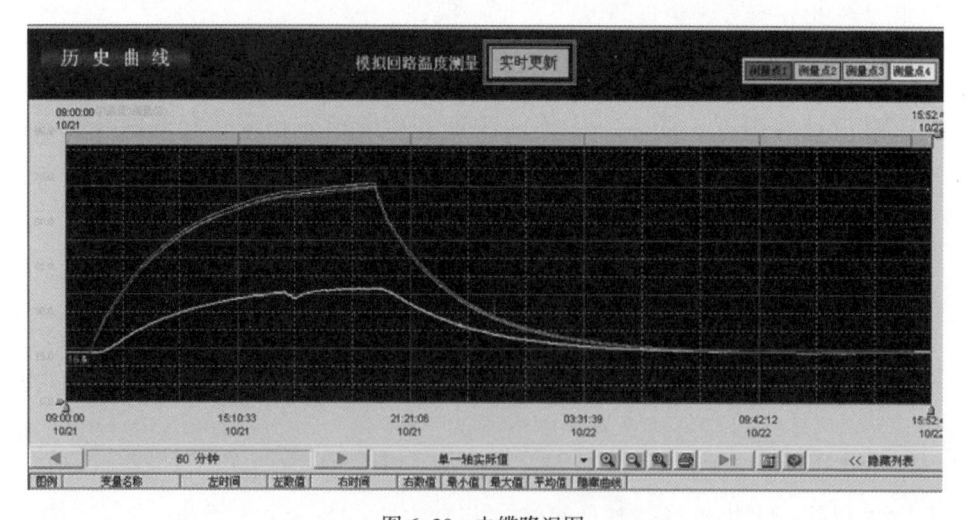

图6-20 电缆降温图

根据给定的试验电缆、初始条件及改进算法的参数，建立了空气中铺设电缆的二维有限元仿真模型。通过有限元分析实验，模拟加载额定稳态载流量1450A，得到导体线芯及电缆表皮温度随时间变化的一系列数据，经过1200min的模拟，电缆导体温度在到达70℃后逐步趋于平缓，导体最高平均温度逼近71℃，电缆表皮温度在35℃后趋于平缓，逼近36℃。将导体温度和表皮温度的试验数据按时间作出曲线，如图6-21所示。

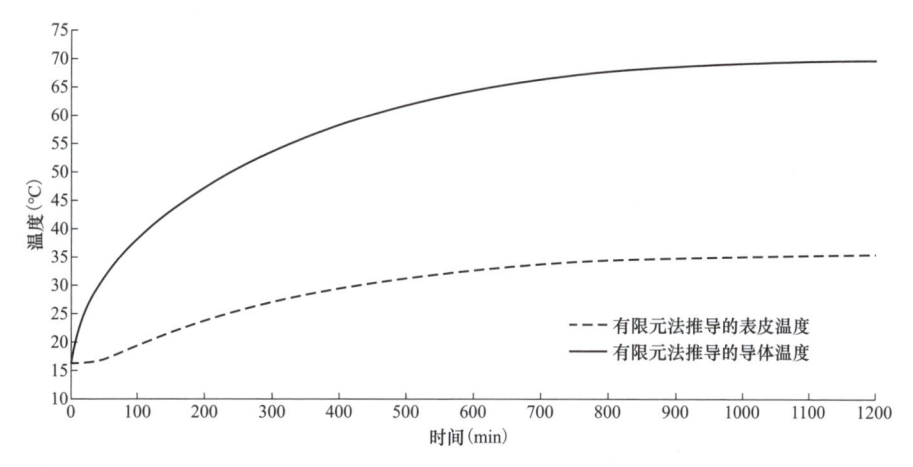

图6-21 有限元法推导导体及表皮温度时间关系曲线图

达到动态热平衡后，电缆的温度场如图6-22所示，此计算结果与现场试验的实际运行结果是比较相近的。

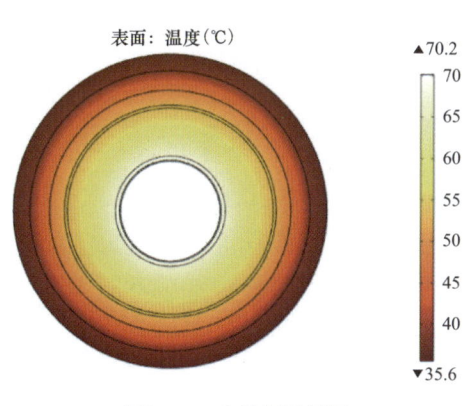

图6-22 电缆温度场图

四、最大稳态载流量实验研究

当日9：10，试验开始，环境温度15~21℃，通过升流控制系统，调整模拟回路电缆电流，初始加载电缆电流1719.5A，波动范围10A，随着导体温度的逐渐升高，当接近88℃时，逐步降低加载的电缆电流，直到导体温度稳定在90℃附近，此时电缆的平均电流为1653A，当天15：45试验结束，试验全程历时约580min。在试验期间，每隔1min，系统从位于电缆四处不同位置的测温点获取到导体温度值1、导体温度值2、导体温度值3，以及电缆表面温度值。将导体温度值1、2、3的平均温度和表皮温度的试验数据按时间作出曲线，得到实际的电缆导体温度、表皮温度-时间关系。如图6-23所示。当加载的电流达到1653A时，导体温度稳定逼近90℃，电缆表皮温度逼近44.5℃附近稳定。

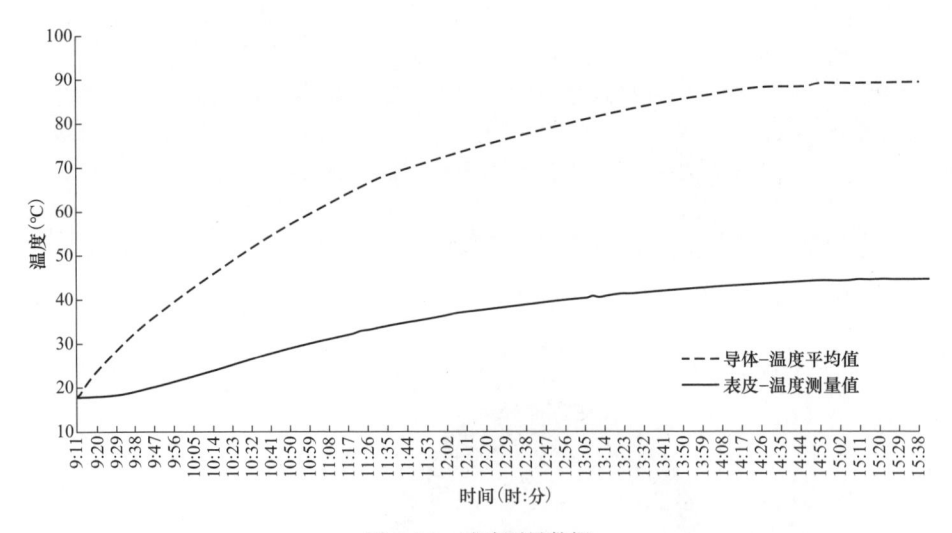

图6-23 试验测量数据

为了验证最大载流量，进一步模拟加载不同大小的电流，计算模型当加载的电流达到1697A时，导体温度稳定逼近90℃，电缆表皮温度逼近43℃附近稳定，如图6-24所示。

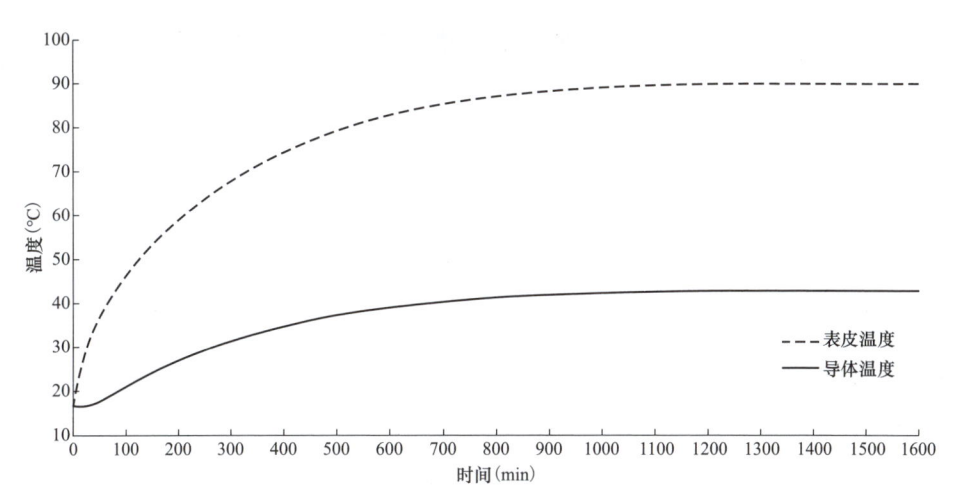

图 6-24　有限元法模拟 1697A 时导体及表皮温度时间关系图

达到动态热平衡后，电缆的温度场如图 6-25 所示，此计算结果与现场试验的实际运行结果相近。

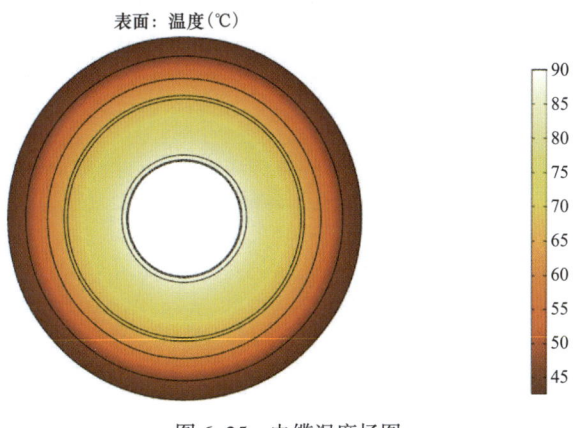

图 6-25　电缆温度场图

通过表 6-11，可以看到通过模型的计算结果与试验获取到的最大载流量误差在 2.6%，电缆表皮温度的误差在 3.4%。此计算结果与实际运行结果是比较接近的，因此可以作为导体温度实时监测的依据。

表6-11 初试验值与模拟推导值计算结果对比

项目	试验值	模拟推导值	误差
稳态载流量（A）	1653	1697	2.6%
电缆表皮温度（℃）	44.5	43	3.4%

五、不同动态载流量实验研究

1. 500A模拟试验

电缆试验回路升流升至500A，开始升温，通流时间持续18h，此时各点温度基本稳定，之后切断电流，开始降温，测温时长共计29h。环境温度为24.8℃。每隔1h对电缆本体及表皮测温，模拟回路电缆导体温度曲线如图6-26可知，模拟回路电缆导体升温主要集中在前8h，温度值由24.88℃上升至35.53℃，温升为10.65℃；后10h，温度值由35.53℃上升至最高36.85℃，温升为1.32℃；整个升温过程中，温升最高值为11.97℃。

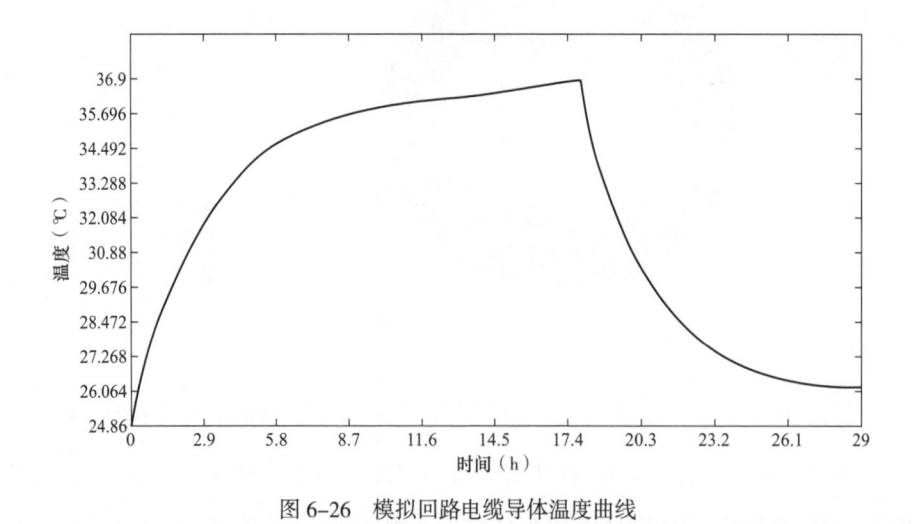

图6-26 模拟回路电缆导体温度曲线

电缆本体表面升温主要集中在前8h，温度值由24.62℃上升至

28.27℃，温升为3.65℃；后10h，温度值由28.27℃上升至最高28.7℃，温升为0.43℃；整个升温过程中，温升最高值为4.08℃，电缆本体表面温升曲线如图6-27所示。

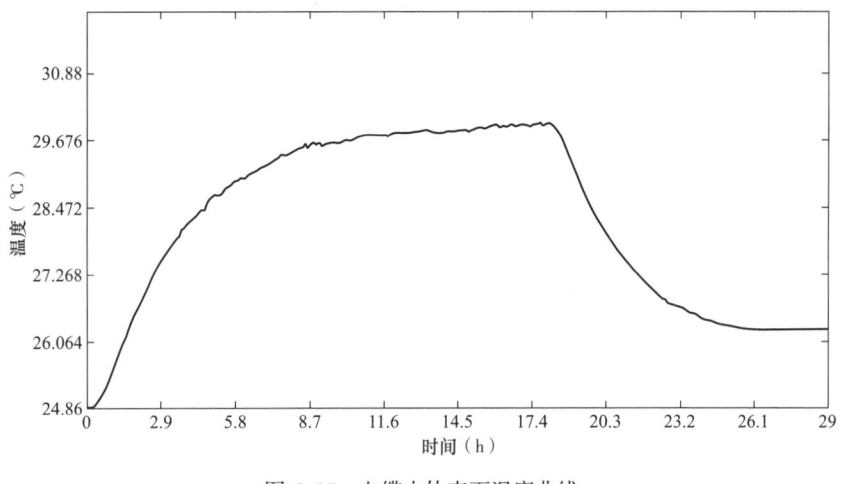

图6-27 电缆本体表面温度曲线

2. 1000A模拟试验

电缆试验回路升流升至1000A，开始升温，通流时间持续15h，此时各点温度基本稳定，之后切断电流，开始降温，测温时长共计24h。环境温度为25.9℃。每隔1h对电缆本体及表皮测温，模拟回路电缆导体温度曲线如图6-28所示，模拟回路电缆导体升温主要集中在前10h，温度值由25.92℃上升至67.41℃，温升为41.49℃；后5h，温度值由67.41℃上升至最高68.45℃，温升为1.04℃；整个升温过程中，温升最高值为42.53℃。

由图6-29可知，电缆本体表面升温主要集中在前12h。整个升温过程中，温升最高值为10.35℃。

图 6-28　模拟回路电缆导体温度曲线

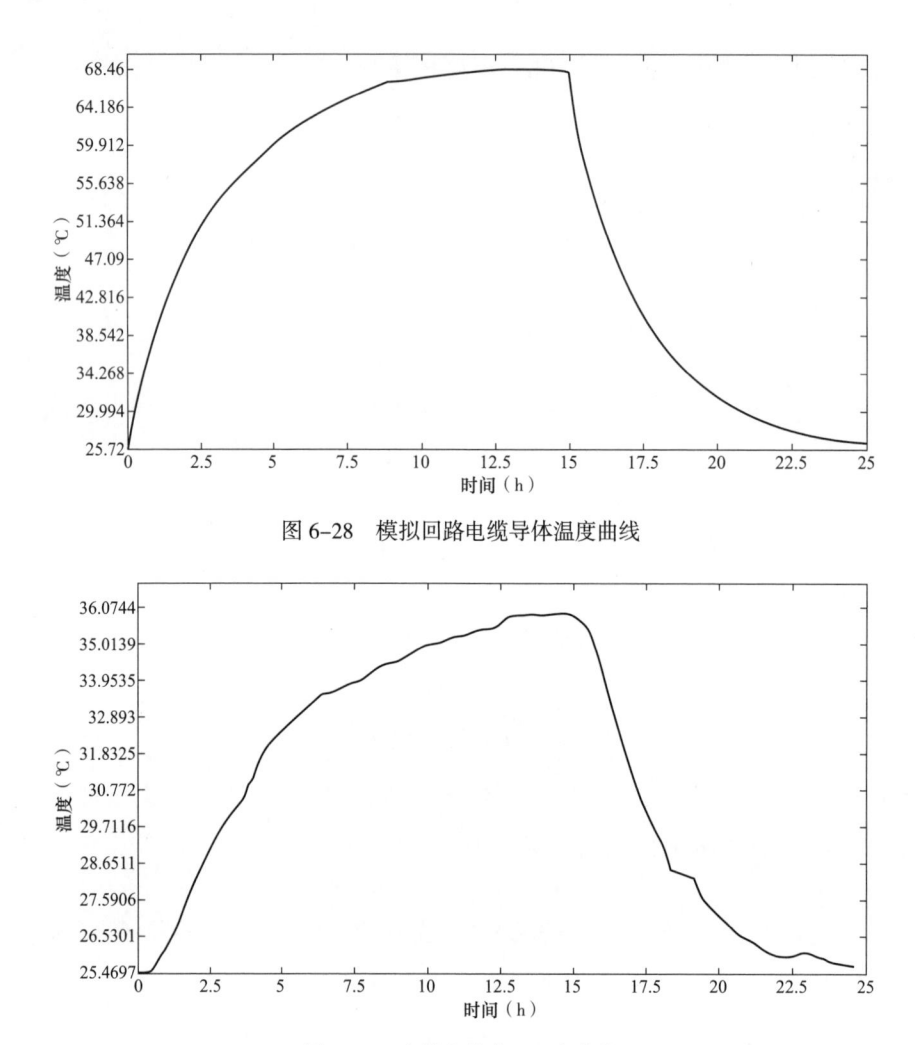

图 6-29　电缆本体表面温度曲线

六、基于强冷循环的高压电缆载流量辅助装备

电缆的强制冷却系统可以应用于多个电压等级的电缆线路中，根据冷却媒质相对于电缆线芯中心和电缆附近的位置，强制冷却的方式主要分为内部冷却和外部冷却。本项目采用外冷却循环方式，设计了强制冷循环系统，以冷却效果优良和经济效益较高的水为冷却媒质，通过强制循环降低电缆环境温度，提升载流量。

第六章 高压电缆载流量提升技术应用

外部冷却强冷循环系统主要由循环泵、冷却箱、散热片、管道及温控系统构成，如图 6-30 所示。该系统通过测温装置实时监测高压电缆排管内环境温度，根据监控软件设置的温度阈值控制冷却主机的开启和关闭。冷却主机会对冷却管道内的介质进行强制循环和冷却，并根据高压电缆载流量和环境温度调整流速，通过降低密闭高压电缆排管内环境温度和加速高压电缆本体散热，使高压电缆本体温度降低，从而达到动态增加高压电缆输送容量的效果。

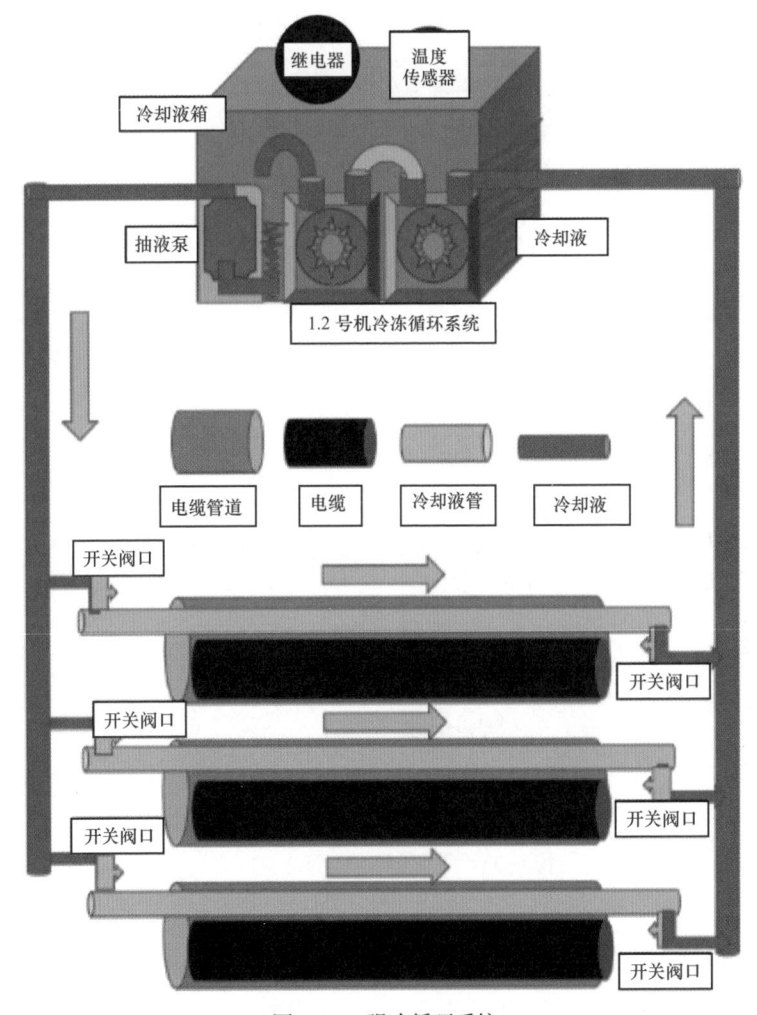

图 6-30 强冷循环系统

基于排管强冷循环与低热阻填充技术的电缆增容技术，通过对瓶颈受限的电缆排管填充低热阻充剂和部署水冷循环系统（水泵、压缩机、管道），该系统通过降低密闭高压电缆排管内环境温度和加速高压电缆本体散热，使高压电缆本体温度降低，实现高压电缆载流量的提升，试验平台如图6-31所示。

图6-31 强冷循环系统现场示意图

通过搭建真实的排管图，针对启停前后的排管温度与冷却水温度结果进行比较。当停止冷却系统，即冷却系统处于关闭状态时，冷却系统的水温升高，排管的温度也随之升高。当开启冷却系统，冷却系统水温随之下降，排管温度随之明显下降，如图6-32所示。

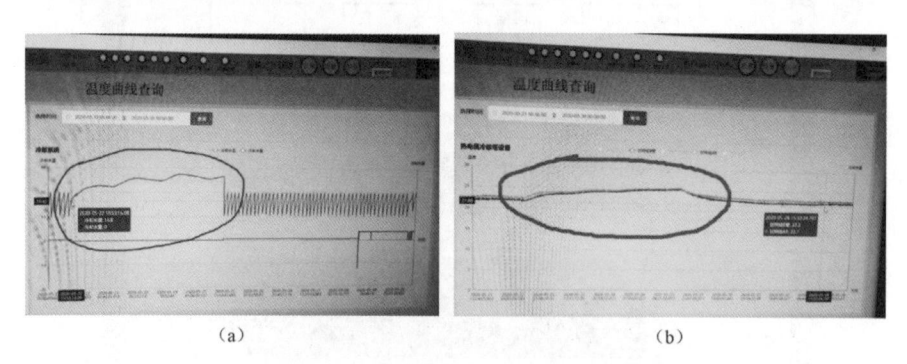

(a)　　　　　　　　　　　　(b)

图6-32 强冷循环系统现场示意图
(a)冷却系统水温变化曲线；(b)排管温度变化曲线

通过对比冷却系统温度与排管温度变化，两者温度上升曲线一致。因此，该方案可以通过调节冷却温度从而达到提高高压电缆输送容量的效果。

第七章 高压电缆载流能力核算和智能管控平台

一、高压电缆载流量决策平台

在高压电缆上加装光纤测温和热电偶测温装置，实现高压电缆表皮温度、环境温度和土壤温度等动态增容相关数据的远程采集，具备实时数据传输能力，研发电缆输送能力实时计算模型，通过电缆动态增容模型与评估算法，实现高压电缆安全载流能力的实时评估和计算。

高压电缆动态增容技术通过调用业务中台六大中心17项服务，收集调控云、气象局、pms系统、输变电在线监测系统等多个源端平台数据，打破专业数据之间壁垒；在保证系统稳定、设备安全的前提下，通过对线路的运行状况和外界环境进行实时监测和分析，充分利用现有在线监测数据，实时计算出满足热稳定限额的最大输送容量；根据计算结果进行实时调整输送容量，充分挖掘现有线路负载能力的潜能，提高输电线路的输送能力，同时减少输电设备的投资。

关键工作包括：输电模型设计（组织89类输电本专业模型设计，参与27类共性模型设计）；业务需求沉淀（提出64项业务需求，共沉淀成26个中台服务）；源端数据接入（输电资源资产、输电移动巡检系统、输电在线监测系统数据接入）。电网运检智能管控平台首页增加可配置的动态增容总览，相关负责人可在登录后第一时间掌握全省线路的负载率实时数据、动态增容线路的实时数据和增容效果。

平台以地图+统计的方式，实现动态增容相关数据的总览，直观掌握动态增容实时数据。地图侧展示已完成动态增容建设的线路，支持动态负载率超限告警，支持查看动态增容相关数据，支持链接查看动态增容实时监测和线路"一线一册"信息。统计侧支持全省220kV及以上线路负载数据查询，动态增容实时数据和提升效果统计，以及线路安全评估状态统计。同时支持以列表形式展示完成动态增容线路的静态核定限额、动态载流能力、线路负荷电流、增容比例、负载率和安全评估等详细载流信息。

截至目前已完成舟山鱼山石化洛龙/迦龙线等25条关键瓶颈线路动态增容改造，改造线路输送能力平均提升8%，合计提升输送能力200万kW，有效缓解了舟山、湖州、宁波、金华局部供电能力不足问题。其中，天咸4485/天祥4486动态增容成果在涌港变基建施工期间首次实际应用，完全解决北仑春晓供区15万kW供电缺口；洛龙/迦龙线增容后，有效增加鱼山石化基地供电能力，确保了基地的生产能力。

二、现场应用

高压电缆动态增容辅助装备、电缆载流量计算模型及电缆动态增容决策平台在国网湖州公司实际线路作典型应用。

国网湖州公司的220kV甘祥2U21线，在2015年4月投入运行。线路全长12.405km，其中电缆线路0.155km，架空线12.25km。导线型号：1-41号段为2×JL1/LHA1-210/220、41-45号段为JLR×1/F18-560/65-290、45-46号段为2×JL/G1A-400/35；电缆型号：ZC-YJLW03-Z 127/220 1×2500mm^2。此次选取220kV中的甘祥2U21线作为本次载流量核算的试点线路。220kV祥福—甘泉电缆线路设计平面图见图7-1。

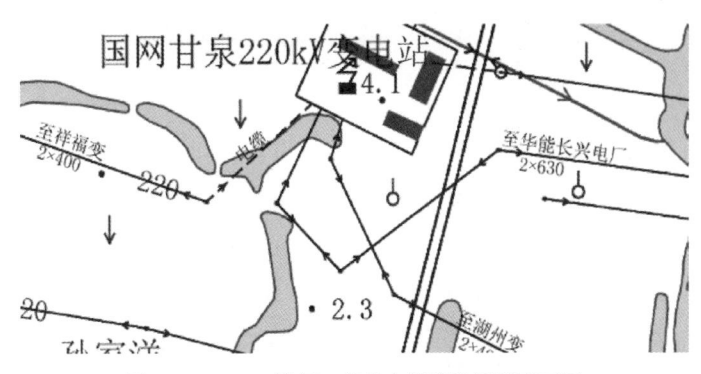

图 7-1　220kV 祥福—甘泉电缆线路设计平面图

220kV 甘祥甘福线路中 1 号—甘泉变电站段采用电缆，电缆终端塔—甘泉变电站围墙采用双回电缆沟敷设，再双回排管通过甘泉变电站围墙，同时双变单排管进入甘泉变电站，再单回路电缆沟敷设至 GIS 间隔。

2021 年 11 月 13 日，高压电缆载流计算模块程序已部署于浙江湖州供电公司检修分公司的机房内，部署后，软件可正常运行，电缆数据可正常录入。高压电缆载流量计算模块部署完成后截图见图 7-2。

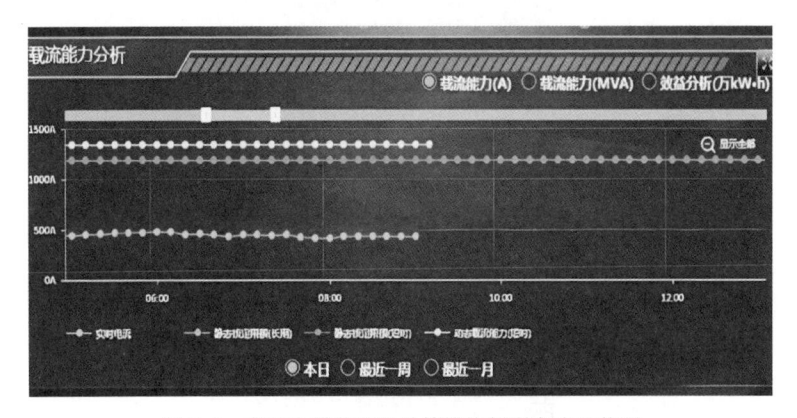

图 7-2　高压电缆载流量计算模块部署完成后截图

根据湖州供电公司提供的甘祥 2U21 线电缆的型号（ZC-YJLW03-Z 127/220 1×2500mm^2）和敷设条件，录入基本参数，进行了稳态载流量的核算。甘祥 2U21 线 A/B/C 三相载流量数据见图 7-3。

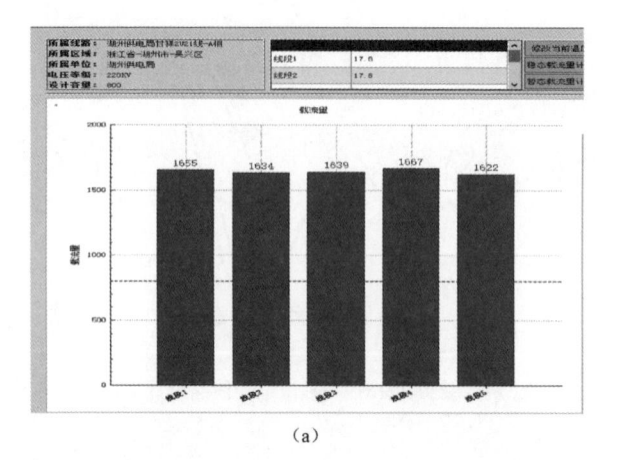

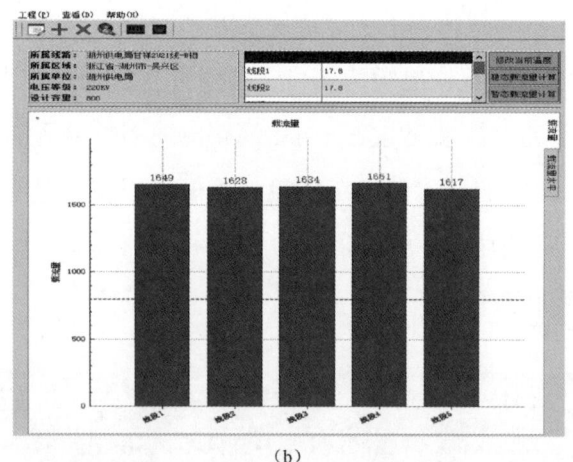

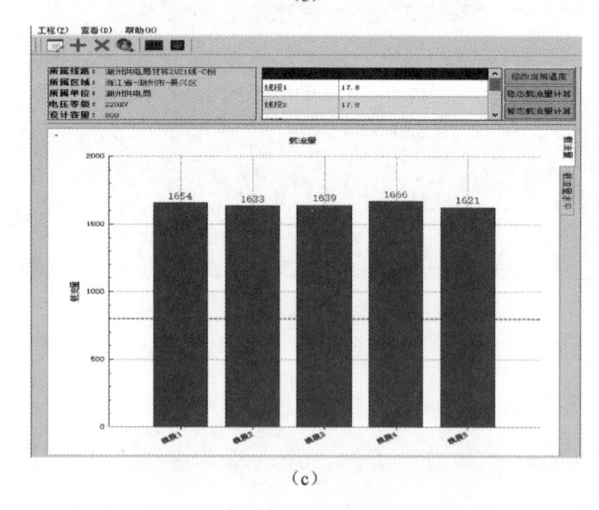

图 7-3 甘祥 2U21 线 A/B/C 三相载流量数据（一）

(d)

图 7-3 甘祥 2U21 线 A/B/C 三相载流量数据（二）
（a）甘祥 2U21 线 A 相载流量计算；（b）甘祥 2U21 线 B 相载流量计算；
（c）甘祥 2U21 线 C 相载流量计算；（d）线路信息列表

在当日环境温度为17.8℃条件下，湖州供电局甘祥2U21线A相各线段的载流量情况为：线段1为1655A，线段2为1634A，线段3为1639A，线段4为1667A，线段5为1622A。取各线段的最小值，即A相载流量为1622A。

甘祥2U21线B相各线段的载流量情况：线段1为1649A，线段2为1628A，线段3为1634A，线段4为1661A，线段5为1617A。取各线段的最小值，即B相载流量为1617A。

甘祥2U21线C相各线段的载流量情况：线段1为1654A，线段2为1633A，线段3为1639A，线段4为1666A，线段5为1621A。取各线段的最小值，即C相载流量为1621A。

湖州线路增容后，断面输送能力提高15万kW，单日可节约减少燃气电量购入成本60万元。充分利用了线路客观存在的隐性容量，提升了电网动态运行极限。因此，项目部署平台在甘祥试点得到了良好的应用效果。

动态增容技术的亮点是在不突破现行技术规程规定的条件下，可保证系统稳定和设备安全运行，有很强的实用性，对满足社会经济快速增长有着积极作用。通过中台应用实现模型统一化，提升数据存储量，实现业务能力的复用和数据的共享统一（基于统一电网资源模型），提高系统稳定性。中台服务调用界面见图7-4。

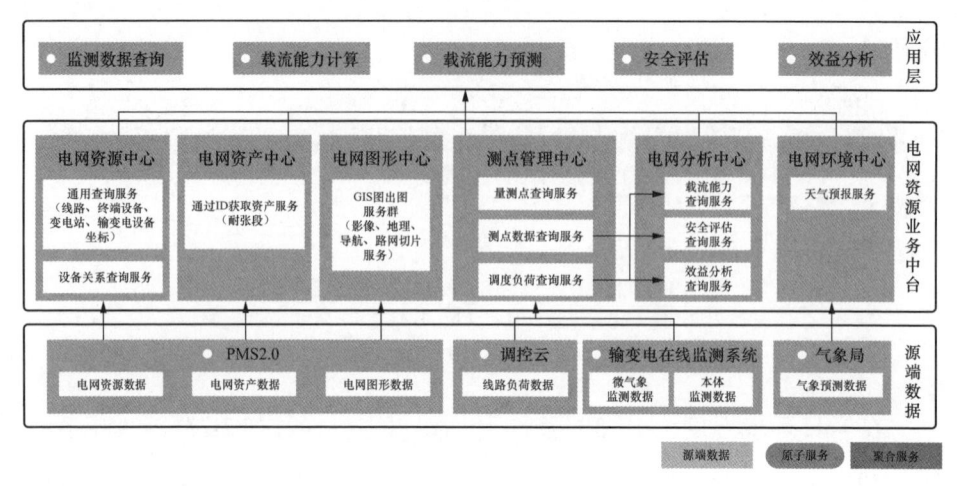

图 7-4 中台服务调用

目前项目取得的成效主要包括六大部分：

（1）验证典型场景中台化改造：对动态增容和台风监测预警应用中台化改造，实现电网资源业务中台主网侧支撑能力的验证。

（2）验证中台支撑能力：验证电网资源业务中台主网侧支撑能力的构建。

（3）简化开发利复用：基于中台服务的广泛应用推动，建立快速应用组装、改进需求闭环管理支撑体系，降低60%的系统开发成本。

（4）数据融合破壁垒：打破设备部、调度等多部门之间的信息壁垒，数据共享；解决调度断面输送容量"卡脖子"问题。

（5）统一模型易推广：输电动态增容改造后可实现各网省中台环境下快速部署与应用，可向全国推广，满足电网输送容量增容需求。

（6）消纳传输能力提升：输电动态增容的应用，使2020年度输送容量较19年平均提升10%~15%。